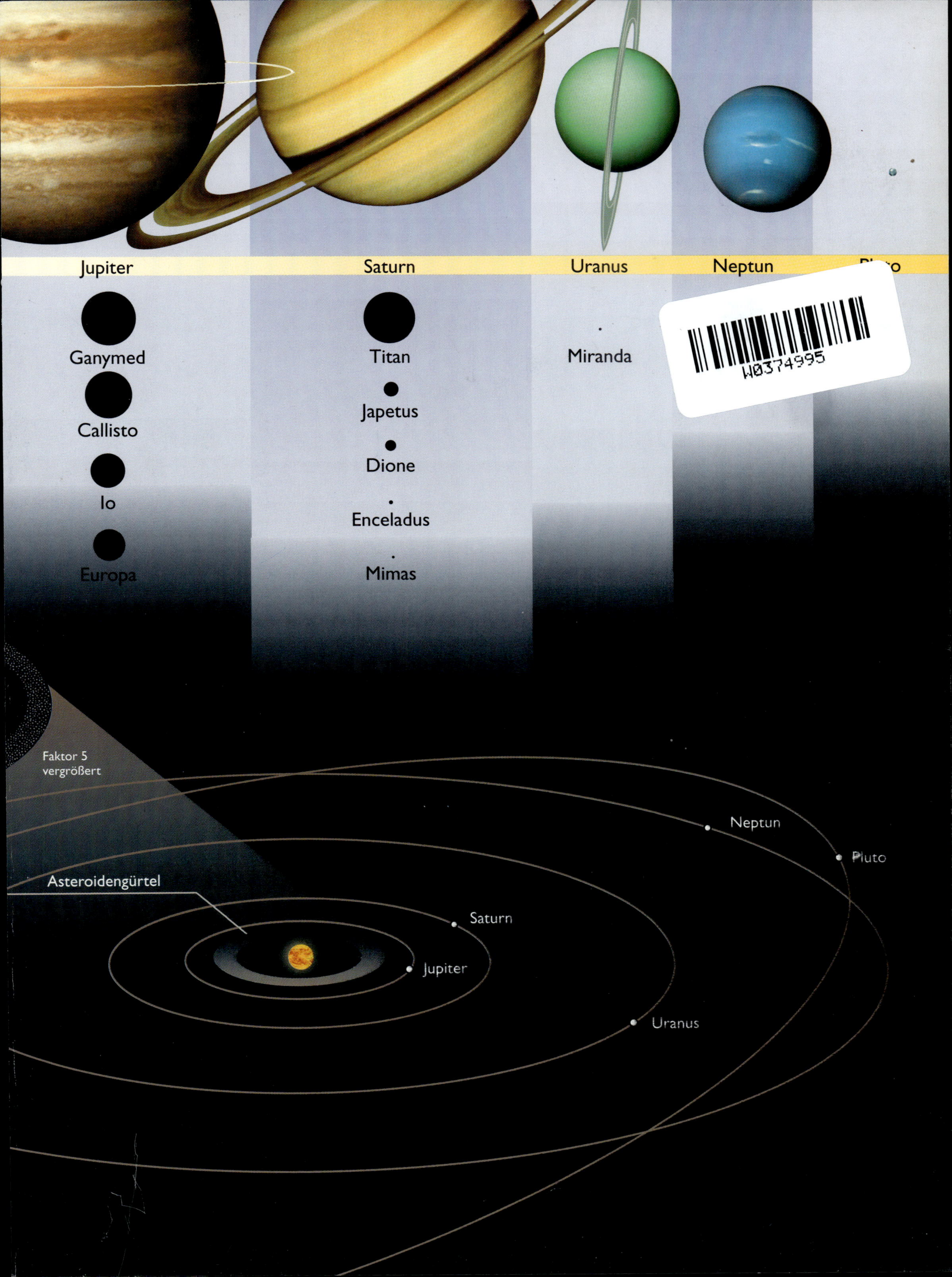
Jupiter
Saturn
Uranus
Neptun
Ganymed
Callisto
Io
Europa
Titan
Japetus
Dione
Enceladus
Mimas
Miranda
Faktor 5
vergrößert
Asteroidengürtel
Neptun
Pluto
Saturn
Jupiter
Uranus

# Faszination Weltraum

# Faszination Weltraum

## *Bilder vom Rand der Welt*

*Dr. Norbert Pailer*

hänssler

*Zum Andenken*
*an meinen Sohn*

**Daniel,**

*mit dem ich hinter dem Okular unseres*
*Fernrohrs manches Staunen über die*
*Schöpfung teilte.*

*Sein junges Leben wurde am*
*31. Mai 1991 vollendet;*
*er darf jetzt Größeres sehen.*

*Menschen treten in unser Leben*
*und begleiten uns.*
*Einige bleiben für immer,*
*denn sie hinterlassen Spuren*
*in unserem Herzen.*

*„Der Tod ist die uns zugewandte Seite jenes geheimnisvollen Ganzen, dessen andere Seite die Auferstehung ist."*

Romano Guardini, Theologe

# Inhalt

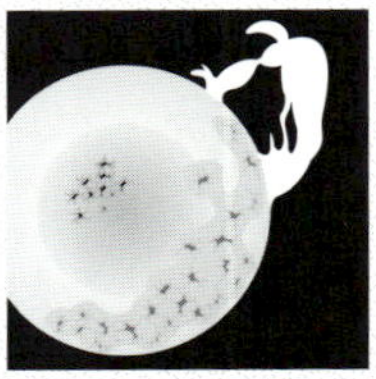

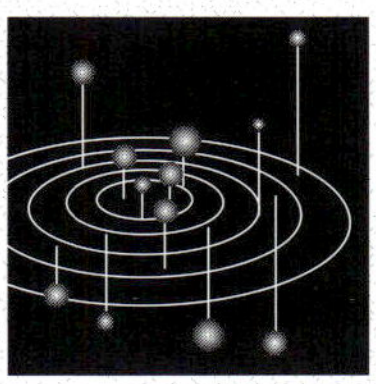



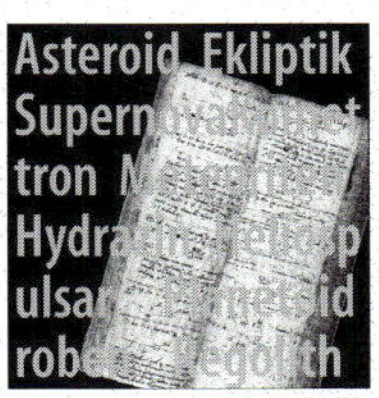
Asteroid Ekliptik

# Prolog

## Der Mensch als Mitte



Dies war das Muster der Schöpfung. Wie einer Vorgabe folgend lauten so die meisten Überlieferungen weltweit. War dies eher Wunsch oder Zeichen eigener Selbsterhebung?

Wissenschaftliche Erkenntnis zog diese Sicht jedenfalls gründlich in Zweifel. – Sie machte den Menschen zum "Ungeziefer in der Erdrinde". – "... total verlassen, vom Zufall ... geworfen ... wie ein Zigeuner am Rande des Universums, ... fällt ins Nichts ..." (Nobelpreisträger Jacques Monod)

Den Menschen Homo sapiens zu nennen, war sicher kühn von Carl von Linné. Er hätte uns auch den zweibeinigen, den nackten, den lüsternen, den neugierigen oder auch den erfinderischen Primaten nennen können. So wie viele nach ihm. Aber Linné war alles andere als ein blütenstaubtrockener Bestimmungsbuchhalter; er wollte mit dem wissenschaftlichen Namen jenen Wesenszug betonen, der unsere Spezies überhaupt erst lebensfähig macht: das Streben nach Erkenntnis und die Kunst, diese umzusetzen.

Weniger als 70 Jahre – die Länge einer Lebensspanne – lagen zwischen Orville Wrights ersten "Hüpfern" mit seiner "Schwerer-als-Luft-Maschine" und dem unvergeßlichen "kleinen Schritt" Neil Armstrongs von der Leiter seiner Mondfähre auf den Boden des Mare Tranquillitatis. Von Menschenhand gefertigte Systeme erreichten den Rand unseres Planetensystems. Der Mensch als Mitte des Fortschritts?

Wir wissen, daß unser Drang nach Mobilität unsere *Atmosphäre* belastet und an Klimaveränderungen Mitschuld trägt. So wie vieles, das wir schaffen.

Wir sind nicht sicher, ob unsere Intelligenz und Hochtechnologie letztlich Grundlagen oder begrenzende Faktoren für unseren Fortbestand sind. Jedenfalls sind wir die einzige Spezies, die dank ihrer Technik in der Lage wäre, sich selbst zu vernichten. Der Mensch als Mitte der Zerstörung?

Der Mensch als Mitte von wem oder was? Als Mitte der Schöpfung, seiner selbst oder der Zerstörung? Der Mensch als Gefangener seines Systems? Der Mensch auf dem Weg zur Menschwerdung? Der Mensch auf dem Weg zur Mitte?

INNERE PLANETEN:
Merkur
Venus
Erde
Merkur
Mars
Venus
Faktor 5 vergrößert
Neptun
Pluto
Saturn
Jupiter
Uranus

# Astronomie
## Wissenschaft der Extreme

*"Die Geschichte menschlichen Denkens ist der Versuch, das Universum zu versteh'n."*

Stephen Hawking, Kosmologe

Wer über den Kosmos nachdenkt, verfolgt seine eigene Geschichte, auch wenn diese im Vergleich diskutierter Zeiträume wenig ins Gewicht fällt. Angesichts von Hunderten von Milliarden Milchstraßen, von denen unsere eigene wieder aus Hunderten von Milliarden Sonnen besteht, um die sich möglicherweise Planeten bewegen, gibt es – rein statistisch gesehen – das "Staubkorn Mensch" nicht.

Dennoch macht sich dieser Winzling auf, um in abenteuerlicher Weise diesen Kosmos zu entdecken, sich ein Bild von seinem Werden und Vergehen zu machen und Rätsel kosmischen Ausmaßes zu entschlüsseln. Trotz aller Erkenntnis hochkarätiger Wissenschaft gibt es kein abgeschlossenes Bild. Man hat eher den Eindruck, daß die Astronomen durch jedes weitere hochaufgelöste Bild auf ein Mehrfaches an offenen Fragen stoßen. So relativiert die Astronomie einerseits unsere Rolle im Kosmos zur absoluten Bedeutungslosigkeit, andererseits fördert sie unseren berechtigten Stolz auf die forschende Kraft des Menschen und das großartige Gebäude unserer Welterkenntnis.

Trotz der Vielfalt der Erscheinungen von Materie und Licht, der Unfaßlichkeit der nicht enden wollenden Dimensionen ist die heutige Sicht von unserem Kosmos in einer astronomischen Fachzeitschrift so zusammengefaßt worden: "Something from Nothing"[1]. Etwas aus dem Nichts. Der Mensch, unser Kosmos: Etwas aus dem Nichts?

Dieses Etwas und sein Ursprung hat Menschen aller Zeiten fasziniert. Gesicherte Spuren führen uns in die Zeit vor über 5 000 Jahren. Ägypter, Babylonier und die damaligen Bewohner von *Stonehenge* (England) haben bereits systematische, wissenschaftliche Himmelserkundung betrieben. Sie gilt als die älteste Wissenschaft der Menschheit.

Die Astronomie ist eine Wissenschaft der Gegensätze und der Rekorde. Dies wird zum Beispiel deutlich, wenn man einmal die *Stern*materie mit dem Material vergleicht, aus der sie nach heutiger Vorstellung entstanden ist. Auf der einen Seite haben wir es im Sterninnern mit Temperaturen von Millionen Grad zu tun, mit Drücken, die sich in Milliarden Atmosphären bemessen, mit *Teilchendichten* von $10^{25}$ (eine 1 mit 25 Nullen!) *Atomen* pro Kubikzentimeter. Das *Interstellare Gas* hingegen ist kalt: im Interstellaren Raum herrscht eine Temperatur von rund –260° Celsius. Die Dichte ist geringer als im besten Vakuum, das man auf der Erde erzeugen kann: nur wenige Atome finden sich durchschnittlich in jedem Kubikzentimeter des Interstellaren Raumes unserer Milchstraße.[2] Gleichzeitig ist

**Stonehenge – eine astronomische Beobachtungsstätte aus der Frühzeit der Menschheit.**

jedes dieser Atome für sich genommen ein Mini-Planetensystem, in dem *Elektronen* in wohlgeordneten Bahnen um einen Kern von *Protonen* und *Neutronen* kreisen. Eine Welt von unvorstellbar hohem Ordnungsgrad und verschwenderischer Fülle funktioneller Details tut sich vor uns auf.

Nach allem, was wir heute wissen, ist die Möglichkeit auszuschließen, mit Hilfe der Raumfahrt je einen Stern zu erreichen. Trotz der hohen Geschwindigkeit der *Raumsonden* dauert es schon einige Jahrzehnte, um unser Planetensystem zu durchqueren (die Sonnensonde Ulysses erreichte als schnellstes, je von Menschenhand gemachtes Objekt immerhin 117 000 Kilometer pro Stunde relativ zur Sonne[3]). Deshalb ist jede Forschungsarbeit an Sternen auf die Analysierbarkeit des Informationsträgers Licht als ausschließliche Informationsquelle angewiesen. Licht ist – von kosmischer Strahlung und Neutrinos abgesehen – die einzige Botschaft der Sternenwelt, die uns erreicht. Daraus haben wir die physikalischen und chemischen Eigenschaften dieser Objekte und die Strukturen des Kosmos abzuleiten. Bei den Planeten stellt sich die Lage etwas günstiger dar, weil sie durch Raumsonden erreichbar geworden sind. Dennoch beschränkt sich das, was wir wirklich in Händen haben, auf geschwärzte Fotoplatten, Zeigerausschläge von Instrumenten, ein paar Kilogramm Mondmaterial und einige *Meteorite*.

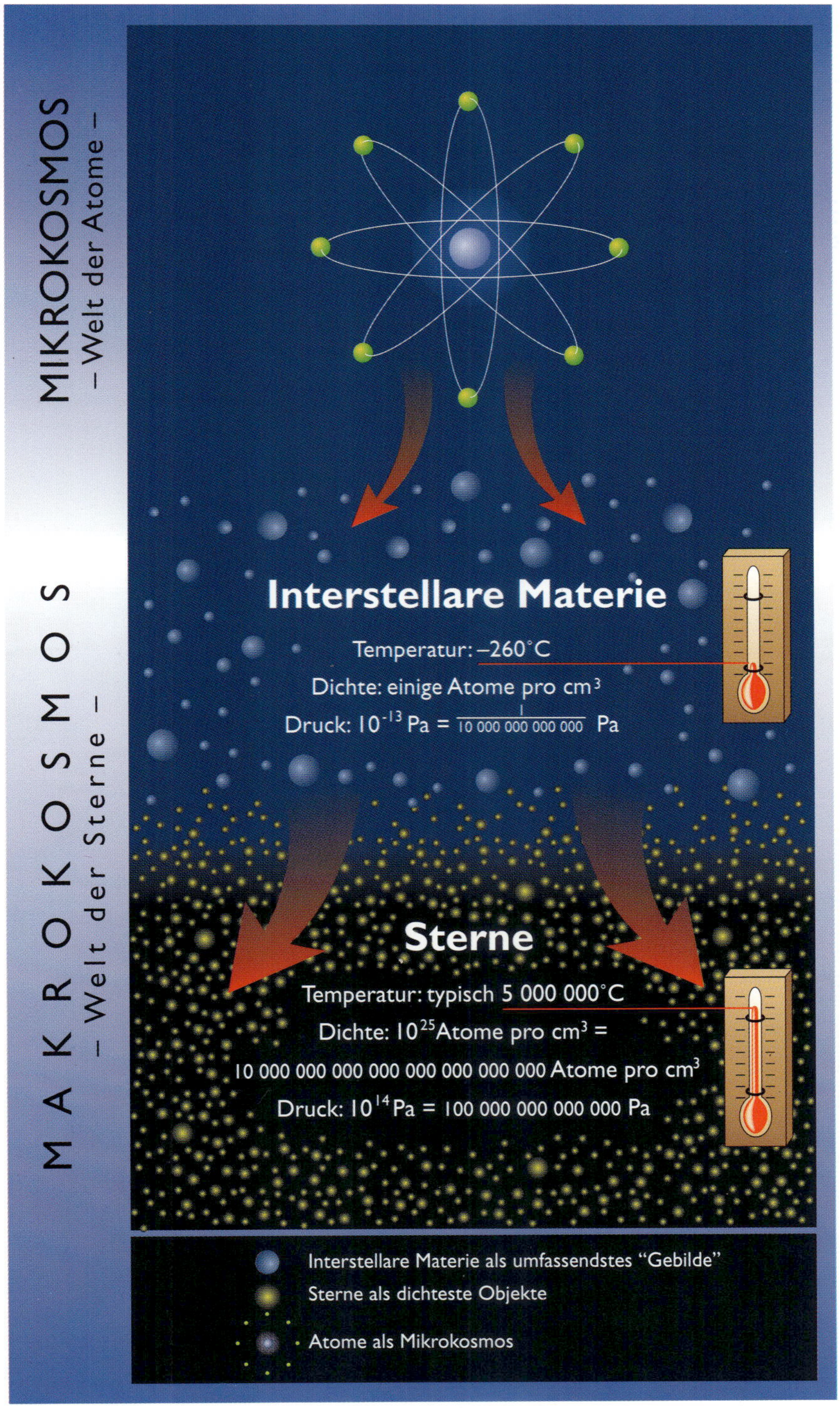


**Darstellung von Hierarchiestufen der materiellen Welt. Der Mikrokosmos eines Atoms ist Baustein sowohl der Materie zwischen den Sternen als auch der Sterne selbst.**

# Informationsträger Licht

> ***"Das als 'wahr' Erkannte ist oft nur eine Decke aus dünnem Eis mit unbekannten Tiefen darunter."***
>
> Hubert Markel, Präsident der Max-Planck-Gesellschaft

Licht ist die eigentliche Botschaft der Sterne. Trotz beachtlicher wissenschaftlicher Leistungen kann heute jedoch nichts Genaues über seine wahre Natur gesagt werden. Einige Experimente, mit denen die Physiker das Licht auf seine Eigenschaften hin untersucht haben, können nur unter der Annahme verstanden werden, daß Licht aus Teilchen, den sogenannten *Photonen*, besteht. Andere Experimente wiederum können nur mit der Vorstellung des Lichts als (elektromagnetischen) Wellen erklärt werden. Hier weist also ein und dasselbe physikalische Phänomen zwei grundverschiedene Seinsarten auf, die beide objektiv richtig und wirklich sind[4]. Hat Licht nun Teilchen- oder Wellencharakter? Über diesen Widerspruch rettet man sich mit einem Kunstgriff, dem sogenannten *Dualismus* oder dem sowohl-als-auch-Charakter des Lichts. Daraus leiten wir die Erkenntnis ab, daß die Frage nach dem Sein nicht losgelöst werden darf von dem Experiment, mit dem man diese Frage stellt.

Unser Auge ist nur für einen kleinen Ausschnitt des sogenannten elektromagnetischen Spektrums, das sichtbare Licht, empfindlich. Wahrscheinlich könnten wir die ganze Lichtfülle gar nicht ertragen. Wir müssen deshalb unsere Erkenntnismöglichkeiten durch eine Reihe unterschiedlichster Apparate erweitern, um so die ganze Fülle elektromagnetischer Strahlung zugänglich zu machen. Schon die pure Existenz des Regenbogens lehrt uns, daß im weißen Licht alle denkbaren Farbnuancen mitschwingen. Raumfahrt macht jetzt auch Farben jenseits des Regenbogens sichtbar.

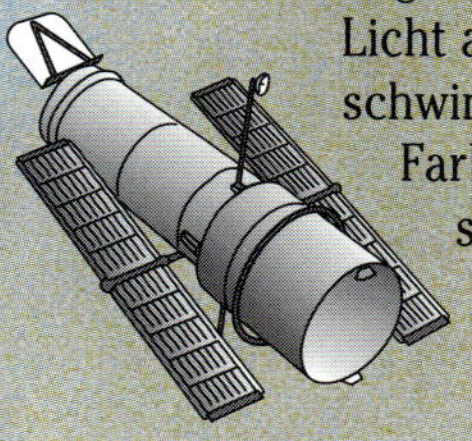

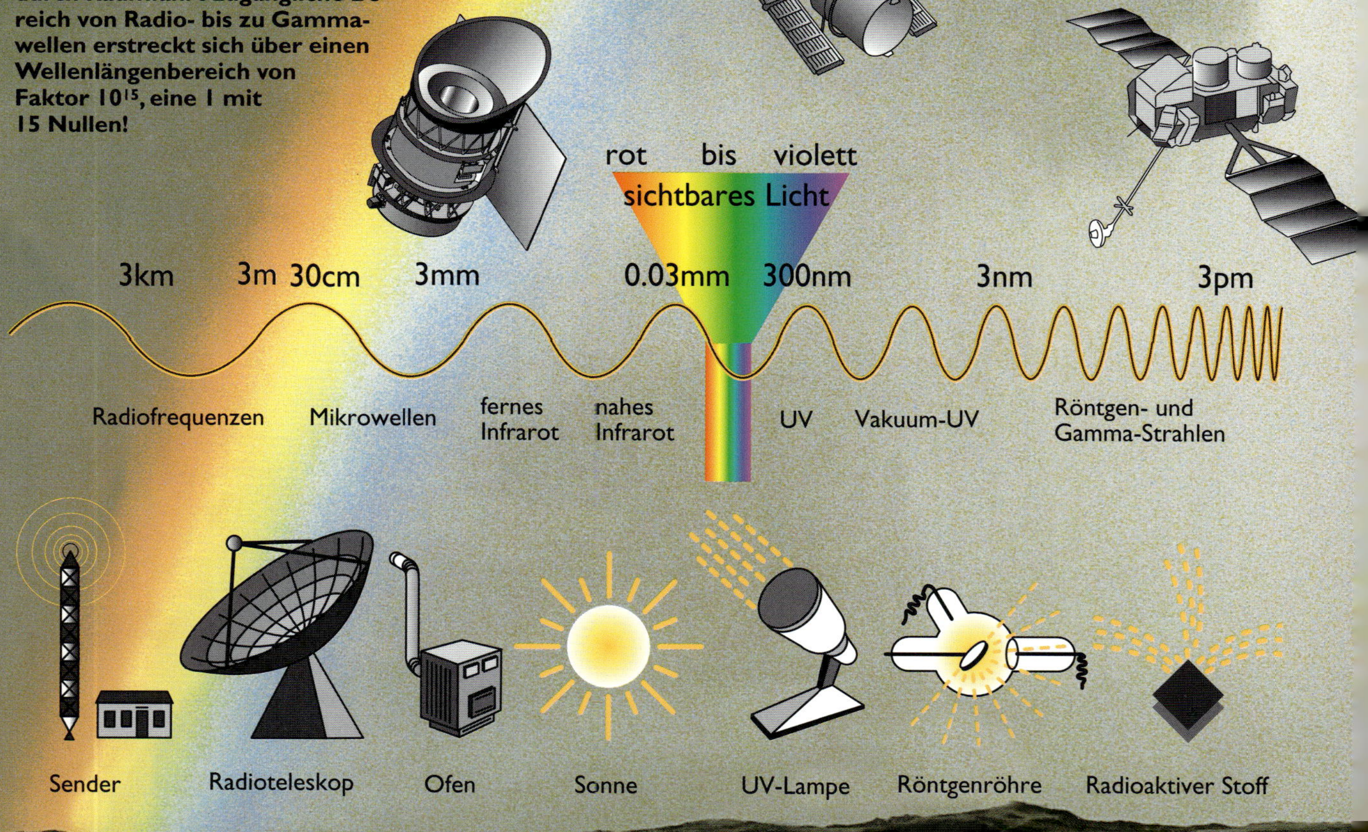


**Darstellung des *elektromagnetischen Spektrums.* Vom roten bis zum violetten Ende des sichtbaren Lichts unterscheiden sich die Wellenlängen nur um Faktor zehn. Der durch Raumfahrt zugängliche Bereich von Radio- bis zu Gammawellen erstreckt sich über einen Wellenlängenbereich von Faktor $10^{15}$, eine 1 mit 15 Nullen!**

# Informationsblocker Luft

Wir leben am Boden eines riesigen Luftmeeres und nehmen die Sternenwelten nur mit der eingeschränkten Sicht eines Tiefseefisches wahr. Um astronomische Objekte ungehindert sehen zu können, müssen wir unsere Instrumente jenseits der strahlenabsorbierenden Atmosphäre plazieren.

Die Raumfahrt hat nun die Möglichkeit geschaffen, jenseits der Atmosphäre einen ungehinderten Blick in die Tiefe des Weltalls zu werfen. Die Entwicklung von der Verfügbarkeit des nur visuell sichtbaren Lichts zu einer Astronomie aller Wellenlängen war eingeleitet. Einmal schützt also die Lufthülle wie ein Kokon alles organische Leben auf der Erde vor der Zerstörung durch hochenergetische Strahlung, andererseits verhinderte sie bis vor rund 50 Jahren die *Gamma-, Röntgen- und Infrarot-Astronomie*.

Da sich das Licht zwar mit hoher, aber endlicher Geschwindigkeit ausbreitet, sehen wir den Sternenhimmel nie so, wie er tatsächlich ist. Das Licht eines nahen Sternes erreicht uns eben schneller als das Licht einer fernen Galaxie. Wir sehen den Zustand der Objekte je nach deren Entfernung immer nur in einer entsprechenden *Rückblickzeit*.[5]

Wegen der angedeuteten eingeschränkten Erkenntnismöglichkeiten, die prinzipieller Natur sind, erstaunt es um so mehr, welch detaillierte Einblicke in ungeahnte Welten bereits möglich gewesen sind. Nur wer dies im Auge behält, kann das Erreichte würdigen.

***"Ohne nachzudenken reden wir immer wieder vom endlosen Luftmeer. Aber dann setzt du dich in ein Raumschiff, wirst von der Erde losgerissen, und binnen etwa zehn Minuten durchstößt du die Luftschicht, hinter der das Nichts ist! Leere, Kälte, Dunkelheit. Der endlos blaue Ozean des Himmels, der uns das Atmen ermöglicht und vor abgründiger Weite und Tod schützt, hat sich als ein ganz zartes Häutchen erwiesen."***

Wladimir Schatalow, Kosmonaut.

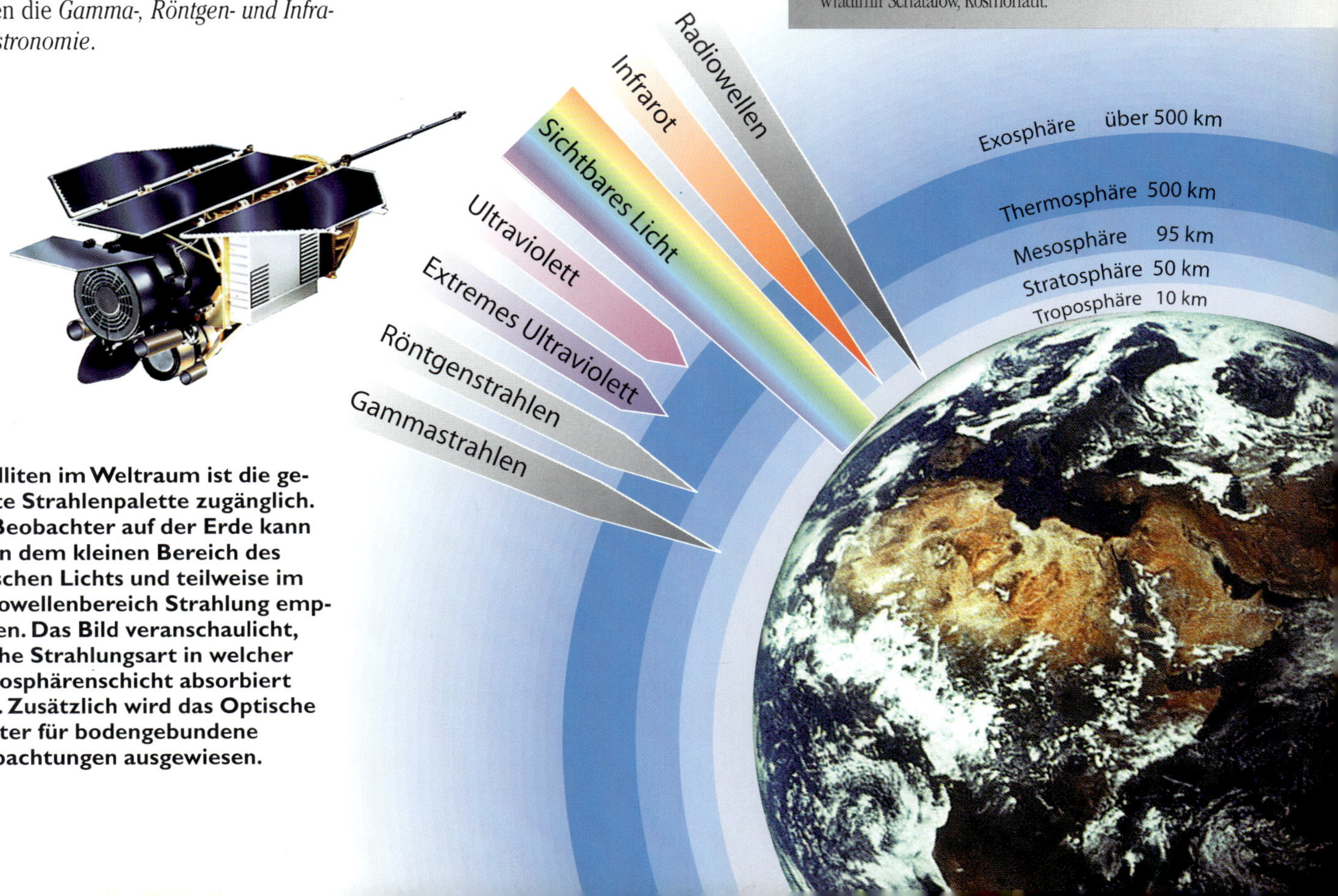


**Satelliten im Weltraum ist die gesamte Strahlenpalette zugänglich. Ein Beobachter auf der Erde kann nur in dem kleinen Bereich des optischen Lichts und teilweise im Radiowellenbereich Strahlung empfangen. Das Bild veranschaulicht, welche Strahlungsart in welcher Atmosphärenschicht absorbiert wird. Zusätzlich wird das Optische Fenster für bodengebundene Beobachtungen ausgewiesen.**

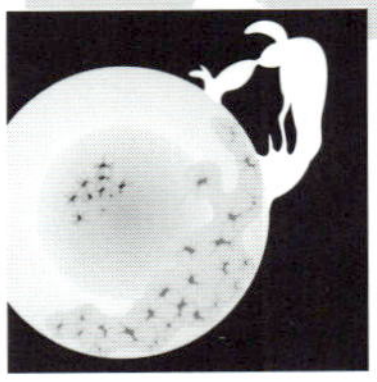

# Sonnensyste im



Die Erkundung des Sonnensystems war lange Zeit nur ein kleiner Bereich der Astronomie – ein wenig beachtetes Spezialgebiet einiger Experten. Nachdem die zu Beginn dieses Jahrhunderts herrschende Aufregung über die angeblichen *Marskanäle* abgeflaut war und auch die Beurteilung der Lebensmöglichkeiten auf unserem Nachbarplaneten gegen Null ging, hat man sich anderen Bereichen der Himmelskunde zugewandt. Nur gelegentlich wurde ein neuentdeckter *Asteroid* gemeldet oder eine Theorie über die Venusatmosphäre aufgestellt. Auch wenn es nun einmal eines ungeheuren apparativen und intellektuellen Aufwands bedarf, um von der Erde aus z. B. Wasserdampf in der dünnen Marsatmosphäre nachzuweisen, kann das Erreichte nur von einigen wenigen Experten gewürdigt werden.

***"Wo vorher intellektuelle Suche war, regte sich plötzlich ein tiefes Gefühl in mir, etwas sei ganz anders geworden ... Der Kosmos, der nicht nur erahnen läßt, sondern die Gewißheit vermittelt, daß im Strom von Energie, Zeit und Raum im Weltall etwas Zweckvolles liegt, daß dies menschliches Verstehn übersteigt und daß sich dem Verstehn ein nichtrationaler Weg erschließt, der mir in meiner bisherigen Erfahrungswelt unzugänglich geblieben war. Das Universum scheint mehr zu sein als die zufällige, chaotische und sinnlose Bewegung einer Ansammlung molekularer Partikel."***

Edgar Mitchell, Astronaut

Ende der 50er Jahre entstanden durch die Satelliten und Sonden neue Möglichkeiten. Es war ein ungeahnter wissenschaftlicher Gewinn, jenseits der störenden Erdatmosphäre erstmals im freien Raum Langzeitmessungen durchführen zu können, von wo aus die ganze Lichtfülle des elektromagnetischen Spektrums zugänglich wurde. Raumsonden, neuartige Instrumententechniken und hochleistungsfähige Computer lieferten nicht nur Daten, die man sowieso erwartet hatte; sie enthüllten Welten, die keiner erahnt hatte, und gaben uns so ein neues Bild unseres Planetensystems.

Es ist noch gar nicht so lange her, da war unser Sonnensystem eine sauber geordnete Welt, welche die Sonne mit uhrwerkmäßiger Genauigkeit umkreiste. Es gab "innere Planeten" aus Stein und "äußere Planeten" aus Gas. Saturn hatte seinen Ring und Jupiter seinen Großen Roten Fleck. Man kannte eine Reihe kleiner Monde und einen Bereich von Asteroidenkörpern. Und ein gelegentlich vorbeikommender *Komet* vervollständigte die planetare Inventarliste. Dieses Bild hat sich durch die Raumfahrt radikal geändert: Voller Enthusiasmus beteiligten sich Experten aus aller Welt an amerikanischen, sowjetischen, japanischen und nicht zuletzt an europäischen Weltraummissionen; bis heute sind – abgesehen von Pluto – alle Planeten direkt von Sonden besucht worden. Mit Ulysses hat man sogar die Polregionen der Sonne in Augenschein genommen.

Aber je mehr Einzelheiten uns die Raumsonden von fernen Himmelskörpern zur Erde funkten, desto größer war die Verblüffung der ungeduldig auf der Erde wartenden Wissenschaftler und interessierten Laien. Allmählich erahnen wir etwas von der Komplexität und Schönheit der uns umgebenden Welten; wir stoßen auf Fingerabdrücke eines weisen Schöpfers.

**Die Sonnensonde Ulysses während des Systemtests.**

# nforschung Aufwind

# Unsere Sonne
## Ein rotierender Zwergstern



Wir leben auf unserer Erde in nächster Nachbarschaft zu einem Stern. Gemessen an astronomischen Entfernungen sind die 150 Millionen Kilometer – 100 Mal der Durchmesser der Sonne – fast ein "Katzensprung". Der unserem Sonnensystem nächste Stern, sprich die nächste Sonne, ist Proxima Centauri. Sie ist 40 000 000 000 000 Kilometer oder rund vier *Lichtjahre* von uns entfernt.

***"Er hat der Sonne ein Zelt am Himmel gemacht; sie geht heraus wie ein Bräutigam aus seiner Kammer und freut sich wie ein Held, zu laufen ihre Bahn. Sie geht auf an einem Ende des Himmels und läuft um bis wieder an sein Ende, und nichts bleibt vor ihrer Glut verborgen."***

König David in Psalm 19

Die Nähe zu unserer Sonne ist kein Zufall. Ihr Licht und ihre Wärme sind Grundvoraussetzungen für unsere Existenz. Schon allein deshalb interessiert uns dieser Stern.

Es gibt aber noch weitere Gründe für das Interesse der Astronomen an der Sonne. Viele komplexe Botschaften, die wir aus den Untersuchungen des Lichts weit entfernter Sterne herauslesen, haben erst durch den Vergleich mit detaillierten Untersuchungen an der Sonne eine Chance, entziffert zu werden. Deshalb wurde die Sonne oft als der "*Rosettastein* der Astronomie" bezeichnet.

In vielen Religionen ist die Sonne in den unterschiedlichsten Formen als Gott verehrt worden. Gelegentlich hat man sie mit dem Symbol der Säge dargestellt, mit der sie sich nachts unter der Erde hindurcharbeitet, um morgens im Osten wieder leuchtend hell aufzutauchen. Im Alten Testament erscheint die Sonne als Zeichen der Allmacht Jahwes, des einzigen, lebendigen Gottes.

**Ein rotierender Zwergstern.** Unsere Sonne ist einer von rund zweihundert Milliarden Sternen unserer Milchstraße. Obwohl ihr dabei kein besonderer Platz zukommt, ist sie die Quelle alles irdischen Seins in dem Sinne, daß irdisches Leben ohne sie unmöglich ist. Zusammen mit den Sternen ihrer Umgebung bewegt sie sich mit 200 bis 260 Kilometern pro Sekunde auf einer fast kreisförmigen Bahn um das Zentrum unserer Galaxis. Eine Umkreisung dauert trotz hoher Geschwindigkeit 200 Millionen Jahre. Zusätzlich bewegt sie sich gegenüber ihrer galaktischen Umgebung mit 20 Kilometern pro Sekunde in Richtung des Sternbilds Herkules.

Menschen, die ihre Milch in Milchtüten kaufen, ihr Obst in Plastikfolien und den Strom aus der Steckdose holen, vergessen darüber leicht, woher dies alles kommt. Und wer dabei noch Kuh, Baum oder Kraftwerk assoziiert, wird am wenigsten an die Sonne denken, ohne die biologisches Leben nicht möglich wäre. Es ist nicht auszudenken, was passieren würde, wenn die Sonne morgens nicht mehr aufginge: Nur Stunden vorher verschwand sie hinter dem Horizont, wie gewöhnlich im Farbenrausch des Abendrots oder in nebligtrübem Gewölk. Von Ost nach West gab ihr Licht immer mehr Länder und Meere der Nacht preis, bis die ganze Erde in Dunkel gehüllt war. Und nun ist die Sonne ohne jedes Vorzeichen verschwunden, von mächtiger Hand ausgeknipst wie eine elektrische Lampe.

Die Konsequenzen einer solchen Schreckensvision hat man bislang nie gedanklich gezogen. Selbst nachts können wir uns von der Gegenwart der Sonne überzeugen: Der Mond und die Planeten reflektieren ihr Licht wie riesige Spiegel.

**Sonnenausbruch als Abbild gewaltiger Sonnenaktivitäten.**

**Ihre Gestalt.** Die Sonne, so wie wir sie sehen, erscheint uns als weiße, heiße Scheibe mit einem scharfen Rand, obwohl wir wissen, daß die Sonne eine Kugel ist. Häufig sprechen wir von ihrer "Oberfläche", was den Eindruck erweckt, als ob es eine äußere scharfe Begrenzung gäbe. Richtig ist, daß ihre Dichte vom Zentrum zur "Oberfläche" stetig sinkt. Aber ihre Materie durchsetzt in ausgedünnter Form das ganze Planetensystem, bis sie in ca. 40fachem Sonne – Erde – Abstand die Grenze zum Interstellaren Raum erreicht (Ende der *Heliosphäre* = Heliopause). Bislang wurde diese Grenze noch von keinem menschengemachten Objekt erreicht. Aber möglicherweise steckt noch Leben im Raumschiff Voyager 1, wenn es an die Heliopause kommt. Die Sonde, die seit 1977 auf dem Weg zu diesem "Grenzstein" ist, hat noch einen *Hydrazin*-Treibstoffvorrat, der sie bis zum Jahr 2009 manövrierfähig hält. Ungefähr ab dem Jahre 2017 muß damit gerechnet werden, daß wichtige Untersysteme ausfallen.

Voyager wird dann in einer Entfernung von 21 Milliarden Kilometern sein.

# Unsere Sonne

## Ein rotierender Zwergstern

**Ihre Energiequelle.** Sonnenstrahlen, die uns heute wärmen und uns zwischen den Wolken hindurch helle Flecken auf die Landschaft malen, hatten ihren Ursprung vor mehreren 100 000 Jahren irgendwo im Innern unserer Sonne. Von dort aus haben sie sich über viele Umwege zur Sonnenoberfläche durchgerungen, um weiter in nur acht Minuten den 150 Millionen Kilometer langen Weg zur Erde zurückzulegen –, falls das Bild stimmt, das wir von der Sonne haben.

Wie wir heute wissen, ist alle Materie, die Mineralien ebenso wie die Stoffe in Luft und Wasser, die Zellen von Pflanzen und Menschen genauso wie die Sterne und Galaxien des Universums, mit ihrer unglaublichen Vielfalt aus nur 92 Bausteinen zusammengesetzt. Heute weiß man im allgemeinen, daß diese 92 chemischen Elemente letztlich aus nur drei Arten von Bausteinen bestehen: den Protonen, Elektronen und Neutronen. Genaugenommen sind es sogar nur zwei, denn im Atomkern können sich Protonen und Elektronen in Neutronen umwandeln; andererseits zerfällt ein isoliertes Neutron nach etwa 17 Minuten in ein Proton und ein Elektron.

> ***"Nach wie vor haben wir ein unstillbares Bedürfnis zu wissen, warum wir hier sind und woher wir gekommen sind."***
>
> Stephen W. Hawking, Kosmologe

Verschmelzen im Sonneninnern die Atomkerne eines Gramms Wasserstoff zu Heliumkernen, so werden aus diesem Gramm Materie 630 Milliarden Joule Energie frei, 20 Millionen Mal mehr, als man aus der gleichen Menge Steinkohle durch Verbrennung gewinnt.

Wie schafft es die Sonne, den Vorgang der Kernverschmelzung kontrolliert ablaufen zu lassen? Was die Sonne seit langer Zeit jeden Augenblick wie selbstverständlich macht, ist dem Menschen trotz hohen Forschungsaufwands nur für die Dauer von bisher zwei Sekunden gelungen.

**Ihre Neutrinos.** Heute glaubt man zu wissen, daß die Sonne – wie fast alle Sterne – ihren Energiebedarf aus Kernreaktionen bezieht. Aber das ist nicht ganz unumstritten. Da wir in die Sonne nicht hineinsehen können, sind wir zur Erhärtung solcher Aussagen auf ein Teilchen angewiesen, das ungehindert aus dem Sonneninnern zu uns vordringen kann, das uns sozusagen als Flaschenpost dient. Diesem Teilchen kommt eine Schlüsselrolle in dem Szenario zu. Wegen fehlender Ladung und wegen seines geringen *Wechselwirkungsquerschnitts* dringt es ungehindert aus dem Sonneninnern zu uns vor: das Neutrino. Es ist aber auch schwer nach-

**Prinzip der Kernfusion im Sonneninnern: Zwei Wasserstoffatome H stoßen zusammen; es entsteht Deuterium D. Ein weiterer Wasserstoffkern führt zum Aufbau eines leichten Heliumkerns $^3He$. Die Fusion von 2 x $^3He$ führt zu einem normalen Heliumkern $^4He$.**

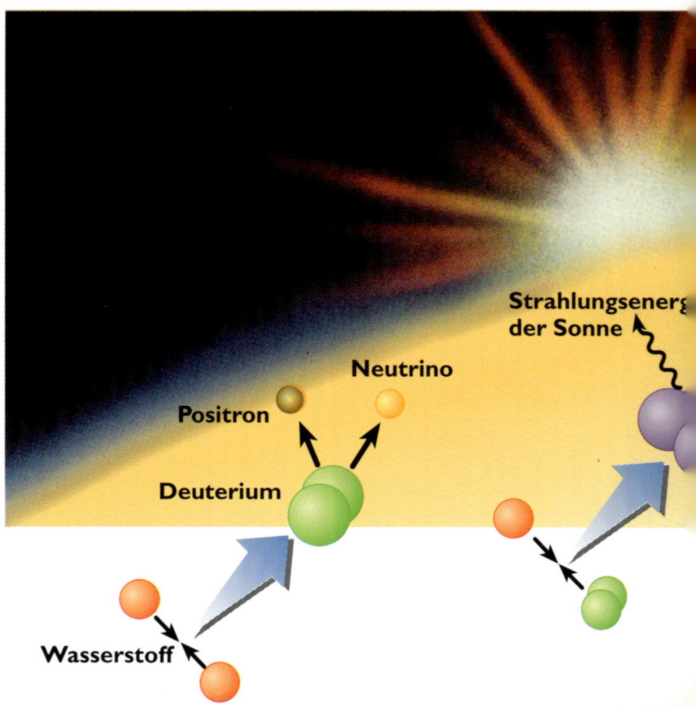

zuweisen. Wie ein Lichtteilchen Glas durchdringt, so durchquert es die dichteste Materie, ohne aufgehalten zu werden.

Der kühne Plan des Amerikaners Ray Davis und seiner Kollegen war es, dieses Teilchen in einem riesigen 610 Tonnen schweren Detektor nachzuweisen und damit ins Innere der Sonne zu schauen. Um die Neutrinofalle mit ihrer Flüssigkeit von 400 000 Litern Tetrachloräthylen von Störungen durch die kosmische Höhenstrahlung weitgehend freizuhalten, wurde sie 1600 Meter tief unter der Erde in einer stillgelegten Goldmine in South Dacota/USA installiert. Wenn im Innern der Sonne zwei Kerne verschmelzen, erwartet man, daß es im unterirdischen Detektor "Klick" macht. Nur alle zwei Tage sollte ein einziges Atom umgewandelt werden, obwohl in dieser Zeit mehr als hundert Milliarden Neutrinos den Tank passierten.

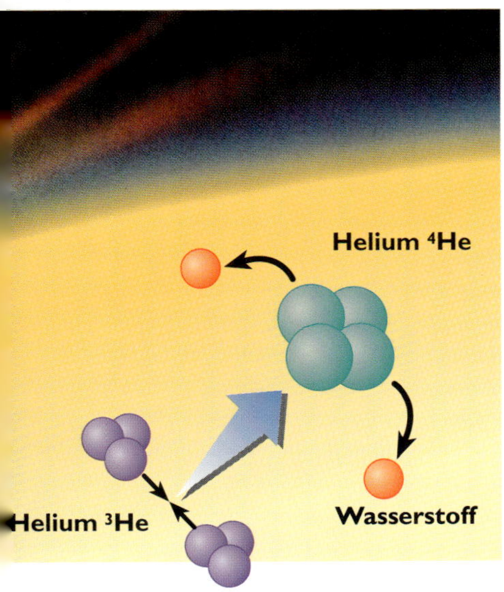

Blitze unter der Erde: Experiment zum Nachweis solarer Neutrinos, das zur Abschirmung von Störungen in den Tiefen einer Goldmine in den USA installiert wurde. Es gilt als das tiefgelegenste Sonnenobservatorium der Welt.

Das Ergebnis dieser Untersuchungen war absolut überraschend und rätselhaft: Wenn man berechnet, wie viele Neutrinos aus der Sonne kommen müßten, um die Wärme und das für uns sichtbare Licht durch Kernfusion zu erzeugen, erhält man eine Zahl, die etwa dreimal größer ist als die von Davis gemessene! Diese Diskrepanz wurde vor einigen Jahren durch ein japanisch-amerikanisches Experiment bestätigt und ist bis heute ein Rätsel. "Vielleicht sind unsere Vorstellungen vom Sonneninnern falsch; im Extremfall ist vielleicht die Kernfusion gar nicht die Energiequelle unserer Sonne."[6] Ein möglicher Ausweg aus diesem Dilemma könnte sein, daß die bisherigen Anlagen nur für Neutrinos mit relativ hoher Energie sensitiv sind. Deshalb wurden mit Spannung die ersten Meßergebnisse des europäischen *GALLEX*-Experiments erwartet, das im Gran-Sasso-Tunnel in den italienischen Abruzzen auf Sonnenneutrinos wartete. Hier ist seit Sommer 1992 der Nachweis niederenergetischer Neutrinos möglich.[7] "Das berühmte Neutrinodefizit existiert auch, wenn man wie *GALLEX* die energieärmeren Neutrinos ... miterfaßt – es läßt sich nicht wegdiskutieren, wie es in letzter Zeit einige Theoretiker versucht haben."[8]

# Unsere Plan
# Objekte



Ein Stern, neun Planeten, drei Dutzend Monde, ein paar tausend Asteroide, eine unbekannte Zahl von Kometen, fein verteilter Staub und viele Phänomene und Wechselwirkungen dazwischen: Das ist unser Planetensystem!

Raumsonden sind ein gegenwärtiger Beitrag zu einer Geschichte, die lange vor Stonehenge begann: Raumsonden, die mit wissenschaftlichen Meßgeräten, hochauflösenden Kameras und Spektrometern ausgerüstet wurden, waren monatelang künstliche Begleiter von Mars und Venus; hochentwickelte Landekapseln setzten auf deren Oberflächen auf und führten ausgedehnte Arbeitsprogramme durch. Man lernte die chemische Zusammensetzung der Atmosphären von Planeten und Monden kennen. Hochaufgelöste Aufnahmen von Details ihrer Oberflächen wurden zur Erde gefunkt. Die beiden Voyagerraumsonden haben die bislang detailliertesten Einblicke in die Welt der äußeren Planeten gebracht.

Die Planetenwelten sehen harmlos aus auf den bunten Bildern, die wir von ihnen erhalten haben. Doch die "Oberflächen" von Jupiter und Saturn sind giftige, übelriechende Welten aus Ammoniak und Methan. Die Weiten des Mars sind wasserlose Sandwüsten, die Landschaften der Venus eine 500° Celsius heiße Hölle. In den Eiswüsten der äußeren Planeten herrschen Temperaturen, welche die Polarzonen der Erde behaglich erscheinen lassen.

Nicht zuletzt haben Oberflächenaufnahmen von Planeten und Monden, die Winzigkeit der Objekte in den weiten Räumen des Alls, Millionen von Menschen geprägt und ein verstärktes Umweltbewußtsein zum Erhalt und Schutz der "Lebensinsel Erde" geschaffen.

# *eten*
# *in zartem Pastell*

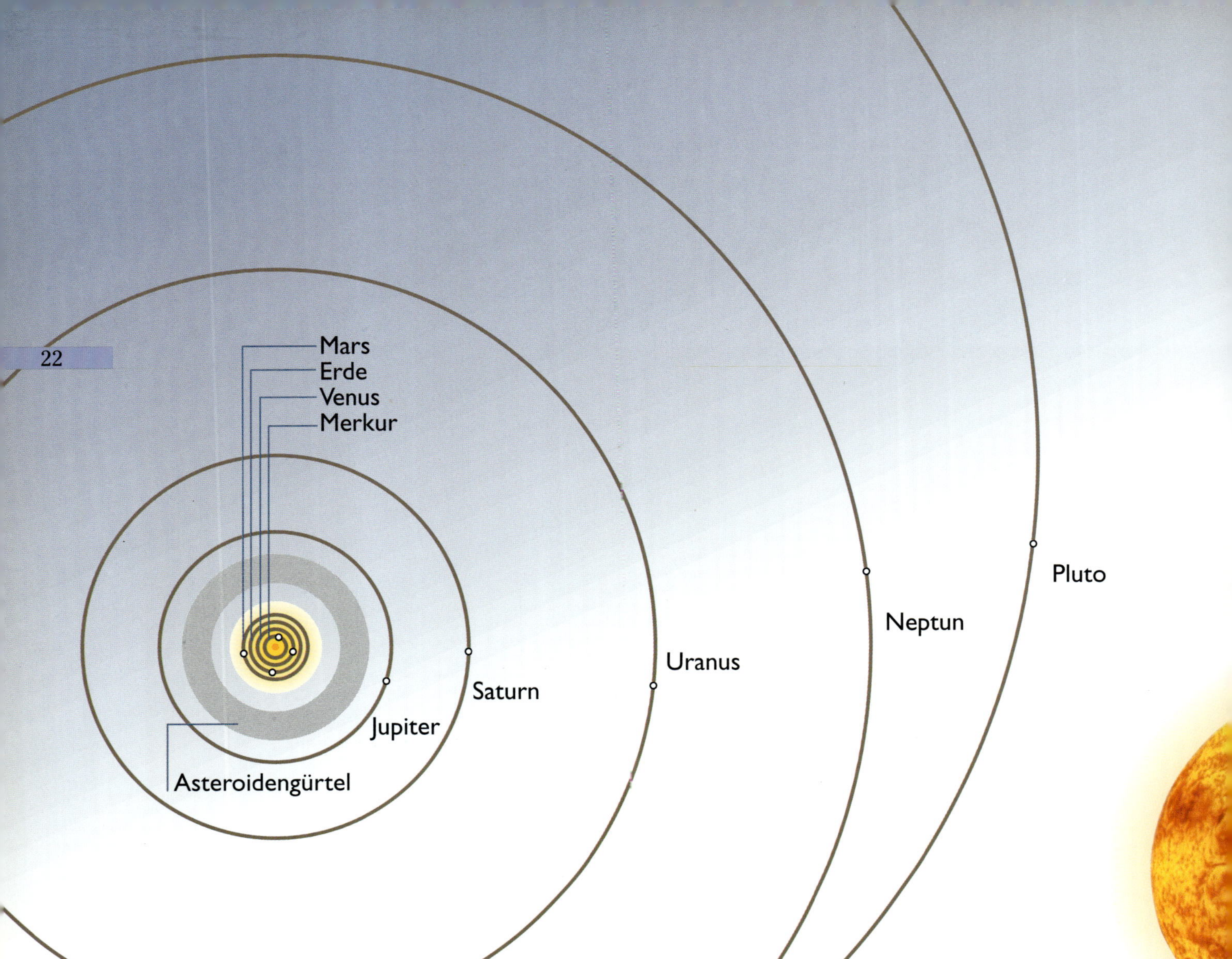


**Grundriß des Planetensystems.** Unser Planetensystem zeigt selbst bei Einbeziehung neuerer Erkenntnisse eine eigentümliche Ordnung bzw. Zweiteilung: Die inneren Planeten Merkur, Venus, Erde, Mars – die Gruppe der erdähnlichen Planeten – heben sich deutlich von den äußeren Planeten Jupiter, Saturn, Uranus, Neptun und Pluto – die Gruppe der jupiterähnlichen Planeten – ab.

Die inneren Planeten sind relativ klein, haben schwach ausgebildete Atmosphären aus Sauerstoff, Stickstoff und Kohlendioxid, geringe *Rotationsgeschwindigkeit* und feste Oberflächen aus Gesteinen und Metallen.

Die äußeren Planeten sind dagegen groß, besitzen riesige Atmosphären aus Wasserstoff, Helium und Methan, haben eine hohe Rotationsgeschwindigkeit und einen ganz anderen inneren Aufbau. Seit einigen Jahren weiß man, daß sie alle Ringe haben, außer Pluto, der noch nicht besucht worden ist. Beide Gruppen werden von einem Gürtel von Asteroiden, die möglicherweise Trümmer eines weiteren Planeten sind, getrennt.

**Der Maßstab.** Die mittlere Entfernung von 150 Millionen Kilometern zwischen Erde und Sonne – die sogenannte *Astronomische Einheit* – ist heute mit einer Unsicherheit von vier Kilometern bekannt. Sie ist sozusagen das "Metermaß des Astronomen".

Wegen der schier unfaßlichen Dimensionen drücken die Himmelsforscher ihre Entfernungen gerne durch die Zeit aus, welche ein Lichtstrahl braucht, um sie zu durchlaufen. So beträgt die Entfernung Sonne-Erde bei einer Lichtgeschwindigkeit von rund 300 000 Kilometern pro Sekunde etwas mehr als acht Lichtminuten. Der sonnenfernste Planet Pluto wird von einem Sonnenstrahl erst nach fünf Stunden erreicht, was einer Entfernung von etwa sechs Milliarden Kilometern entspricht. Das gibt uns einen gewissen Eindruck von der Größe unseres Planetensystems. Trotzdem ist es richtig, bei unserem Planetensystem noch von unserem "astronomischen Hinterhof" zu sprechen.

Die aus der Rotverschiebung der Spektren abgeleiteten Entfernungen zu den nächsten Sternen belaufen sich nicht auf Lichtstunden oder Lichttage, sondern Lichtjahre und repräsentieren ganz andere Größenordnungen kosmischer Dimensionen. Die Grenze des heute beobachtbaren Universums wird mit etwa 14 bis 18 Milliarden Lichtjahren beziffert, was jedoch mit großen Unsicherheiten verbunden ist.[9]

**Ein Gedankenexperiment.** Ein kleines Gedankenexperiment läßt uns die Dimensionen zwischen den bereits eingeführten Kategorien *Mikrokosmos*, der Welt der Atome, und *Makrokosmos*, der Welt der Sterne, erahnen: Wir bauen gedanklich eine Straße von der Sonne zur Erde und legen die 150 Millionen Kilometer lange Strecke mit Millimeterpapier aus. Gleichzeitig nehmen wir einen Spielwürfel und tun für den Augenblick so, als könnten wir mit einer Pinzette ein Atom nach dem andern aus dem Würfel herausnehmen. Wir plazieren jeweils ein Atom in jeweils einem Quadratmillimeter unserer mit Millimeterpapier ausgelegten Straße zur Sonne. Die Aufgabe ist dann beendet, wenn jedes Atom aus dem Spielwürfel abgelegt ist.

Die Frage lautet nun: Wie breit muß unsere gedachte Straße etwa sein, damit jedes Atom einen Quadratmillimeter belegen kann? Die überraschende Antwort lautet: Damit jedes Atom des Spielwürfels einen Quadratmillimeter unsrer Straße zur Sonne belegen kann, muß diese circa 1 000 Kilometer breit sein! Es sei daran erinnert, daß dabei jedes Atom ein Mini-Planetensystem ist, um dessen Kern Elektronen kreisen.

**Vergleich der Dimensionen zwischen Mikro- und Makrokosmos: Um jedem Atom eines Würfels auf einer gedachten Straße zwischen Sonne und Erde auch nur einen Quadratmillimeter Fläche einzuräumen, muß diese Straße etwa 1 000 Kilometer breit sein.**

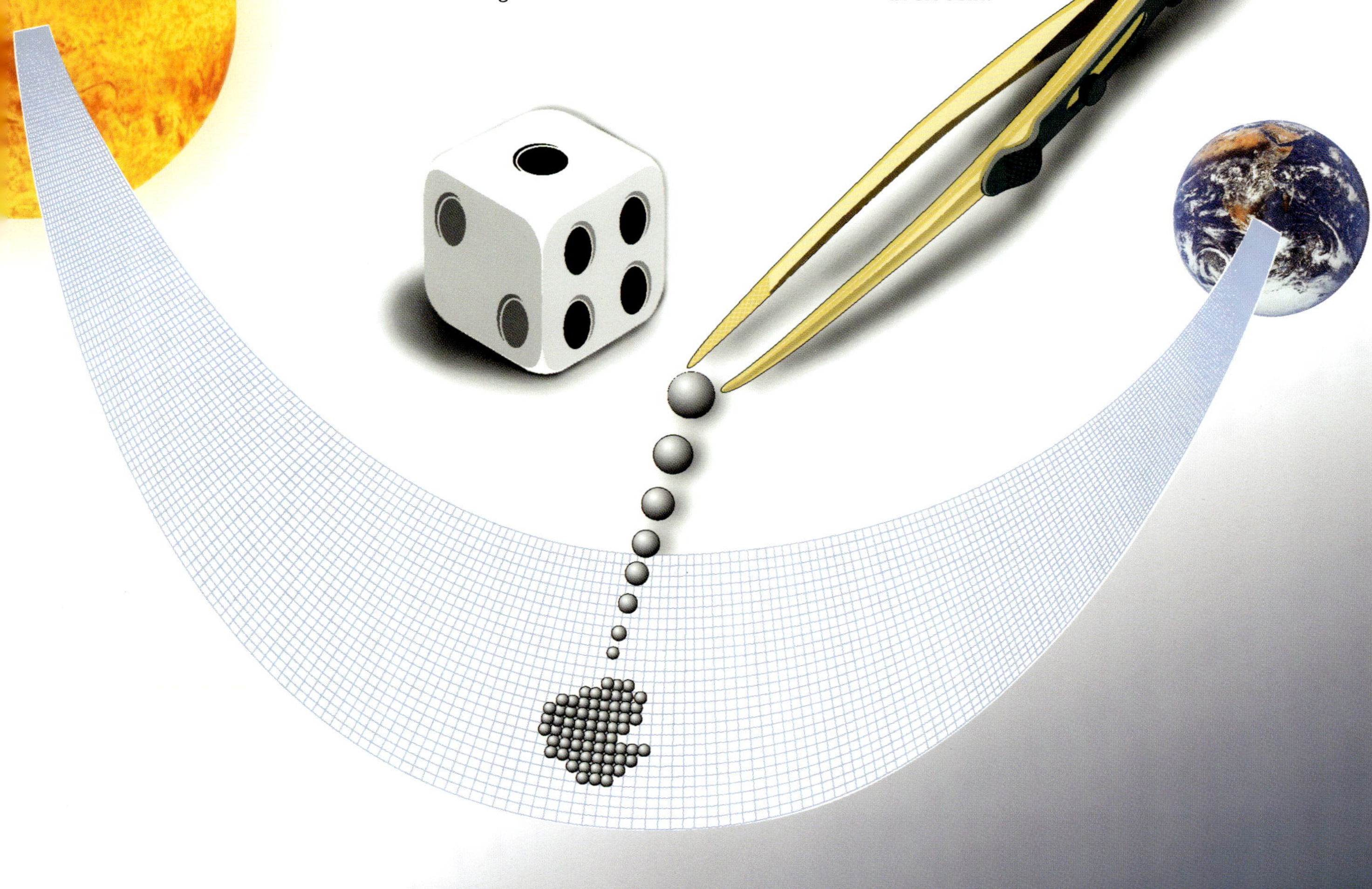

# Merkur
## Der heißkalte Planet

Der durch seine Sonnennähe schwer beobachtbare innerste Planet ist schon im Altertum durch sein Verwirrspiel bekanntgeworden. Er erscheint immer nur für kurze Zeit am Abend oder am Morgen knapp über dem Horizont. Astronomen früherer Kulturen nahmen an, daß es sich um zwei verschiedene Planeten handelte.

Merkur ist der Planet der Extreme: Er steht der Sonne am nächsten; er ist der schnellste Planet; und er ist sowohl sehr kalt als auch sehr heiß. Gleichzeitig ist er der am meisten vernachlässigte innere Planet. Er sieht aber auch nicht gerade aufregend aus. Sein Antlitz ist von Kratern vernarbt, fast wie unser Erdmond. Aber Merkur ist wichtig und interessant. Sein hoher Gehalt an Eisen im Innern – höher als der jedes anderen Planeten – ist eine Herausforderung an Astrophysiker. Der Radius des Eisenkerns ist mit 75% vom Planetenradius außergewöhnlich groß. Hat Merkur durch eine sich verändernde Sonne einen Teil seines Gesteinsmantels verloren, so daß er früher größer war? Oder hat ein großer Einschlag das bewirkt?

Durch seine Umlaufverhältnisse ergibt sich ein Kuriosum: Ein Merkurtag ist doppelt so lang wie ein Merkurjahr. Tagestemperaturen liegen bei bis zu +470° Celsius – das wäre etwas für Sonnenanbeter – , während die Nachttemperaturen auf –180° Celsius fallen, was eine Temperaturdifferenz von 650° Celsius ausmacht!

**Geheimnisvolle Einseitigkeit der Meere.** Merkur hat mit unserem Mond gemeinsam, daß die "Meere" erstarrter *Lava* bevorzugt auf einer Seite vorkommen. Beim Mond schreiben wir dies dem Einfluß der Erde zu. Wie ist es aber bei Merkur, der ja allein durch den Raum fliegt, ohne mächtigen Begleiter, der herumvagabundierende Gesteinsbrocken auf sich ziehen und damit eine Seite des Merkurs gewissermaßen abschirmen könnte?

Woher kommt die Asymmetrie der Merkuroberfläche? War Merkur einmal ein Mond der Venus? Wenn ja, dann hat vielleicht die *Gezeitenreibung* die Rotation der Venus abgebremst und dabei den Venusmond langsam immer weiter von ihr entfernt? Hat dann der Venusmond den Schwerebereich der Venus verlassen und wurde selbständiger Planet, dessen unsymmetrische Oberfläche heute noch daran erinnert, daß er einmal Mond eines größeren Planeten war? Fragen ohne Antwort …

**Eiskappen auf dem sonnennächsten Planeten.** "Radarastronomen haben jüngst auf dem schattigen Boden etlicher Krater an den Polen des sonnennächsten Planeten Eis aufgespürt. Seine Herkunft ist rätsel-

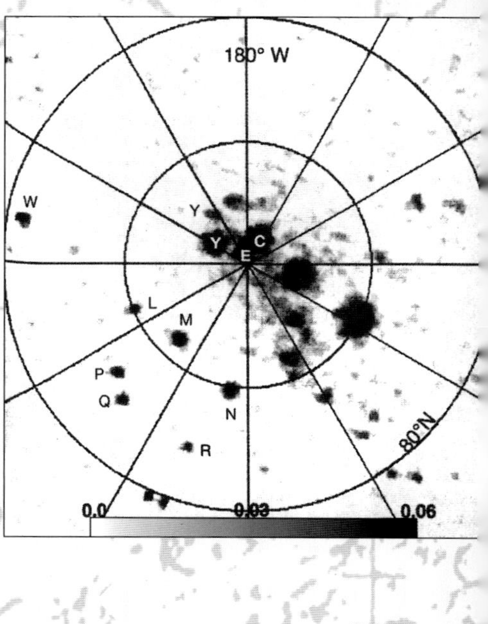


**Links: Radarkarte der Merkur-Nordpolregion.**

**Rechts: Vergleichbare Aufnahme desselben Gebiets von der Raumsonde Mariner 10.**

**Blick auf die dicht bekraterte Oberfläche des Merkur, wie sie von Mariner 10 im Jahre 1974 erstmals gesehen wurde.**

haft." So las man im Sommer 1994 in 'Spektrum der Wissenschaft'.[10] Diese Entdeckung ist um so erstaunlicher, als wir auf Merkur Temperaturen bis zu 470° Celsius haben – eine Temperatur, bei der Metalle wie Zinn und Blei schmelzen. Außerdem hat er nur eine hauchdünne Atmosphäre, die zudem keinen Wasserdampf enthält. Diese sensationelle Entdeckung wurde mit der riesigen, talfüllenden Radarschüssel von Arecibo auf Puerto Rico gemacht.

Woher das Eis am Grund der Krater stammen könnte, ist noch weitgehend unklar. Ist das Eis ein Überbleibsel aus der Frühzeit des Planeten oder ist es jüngeren Datums? Man diskutiert Wasserdampf aus früherer Vulkantätigkeit, das Ausfrieren einer früheren Atmosphäre oder daß Meteoriten, *Planetoiden* oder – was wahrscheinlicher ist – Kometen auf die Planetenoberfläche gestürzt sind.

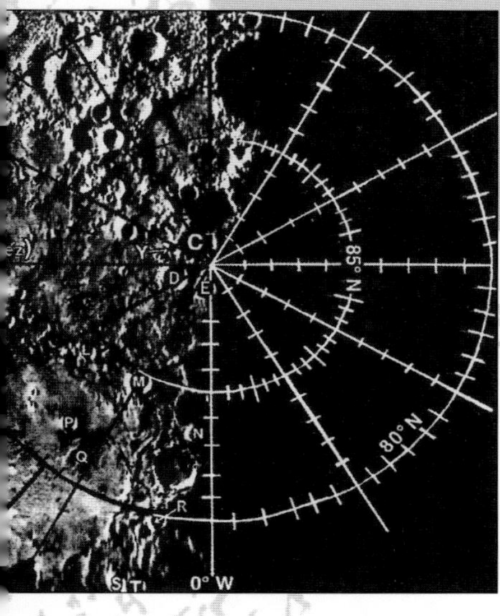

# Venus
## Enthüllte Geheimnisse

Venus ist zwar nicht der sonnennächste Planet, aber überraschenderweise der heißeste. Auf ihn drückt eine schwere, dichte Atmosphäre aus Kohlendioxid und Stickstoff, die mit ihrer Treibhauswirkung auf dem Planeten mit dem nahezu 90fachen Erdluftdruck lastet. Durch die "dicke" Luft treiben Wolken aus Schwefelsäure – ein Stoff, den wir Irdischen in unsere Autobatterien füllen.

Ohne Gashülle müßte an der Oberfläche eine Temperatur von plus 5° Celsius herrschen. Doch das reichlich vorhandene Kohlendioxid und die Schwefelsäuretröpfchen, die den Planeten umwabern, sind exzellente Blocker für infrarote Strahlung und lassen die Temperaturen bis auf etwa 500° Celsius ansteigen. Wie hat sich ein der Erde sehr ähnlicher Planet so unterschiedlich entwickeln können?

> ***"Ich glaube, wir haben vieles von dem neu zu bedenken, wovon wir dachten, daß wir es bereits wüßten."***
>
> James W. Head, Magellan-Wissenschaftler

**Enthüllungen.** Bisher war die Erkundung der wolkenverhangenen Oberfläche nur mit der riesigen Radioteleskopschüssel von Arecibo mit Radar möglich. Während Auflösungen von bis zu drei Kilometern erreicht wurden, ermöglichte Magellan – eine amerikanische Raumsonde, die im Sommer 1990 bei der Venus ankam – mit bis zu 120 Metern Auflösung ganz neue Erkenntnisse. Wir besitzen heute eine hochaufgelöste Karte von den Landschaften unseres Nachbarplaneten. Die Venus hat sich dabei als einer der interessantesten und vielgestaltigsten Planeten des inneren Sonnensystems entpuppt.

"Bereits die scharfkantigen Steine, welche die sowjetische Sonde Venera 13 gesehen hatte, gaben Anlaß zum Nachdenken. Sollten nicht die extremen Stürme (350 Kilometer pro Stunde; in Polnähe bis zu 700 Kilometer pro Stunde) auf der Venus alle Unregelmäßigkeiten der Oberfläche mit Sand zugeweht haben? Sollten nicht längst Schwefelsäuredämpfe der wegen des Treibhauseffektes nahezu 500° Celsius heißen Atmosphäre den Stein angegriffen haben? Oder handelt es sich um relativ junges Material...?" [11]

**Ungewöhnliche Strukturen.** Formationen auf der Oberfläche weisen auf ganz unterschiedliche Beschaffenheit der Lavaströme hin. Einerseits sind sie

- extrem dickflüssig: Möglicherweise durch aufsteigende Lavablasen hochgedrückt, erscheinen zahllose bis zu 1 000 Meter hohe und rund 25 Kilometer Durchmesser große "Dome" oder "Kuppen", die wie Wassertropfen auf einer fettigen Glasoberfläche "sitzen".

- extrem dünnflüssig: Ströme mit typischerweise 100 Kilometer Länge bei nur 0,1 Grad Gefälle, die sich wie kochendes Öl ausgebreitet haben müssen, sind entdeckt worden.

Auf der Oberfläche der Venus befinden sich gigantische Kanäle: Der längste, etwa 1 800 Meter breit, zieht sich rund 7 000 Kilometer hin und ist damit länger als der Nil. Mangels Wasser – man kann heute quer durch das ganze Sonnensystem reisen und wird außer auf der Erde nirgendwo auch nur eine Pfütze finden – kann hier nur Lava geflossen sein. Wie kann Lava aber so lange fließen, ohne zu erstarren?

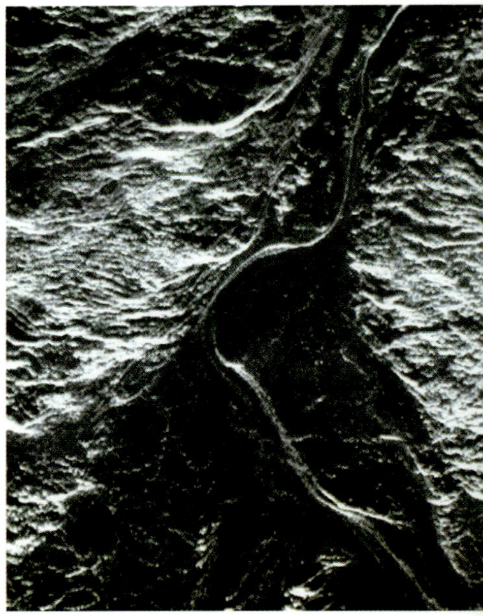

**Gigantische Kanäle von bis zu 7 000 Kilometer Länge wurden auf der Venusoberfläche entdeckt!**

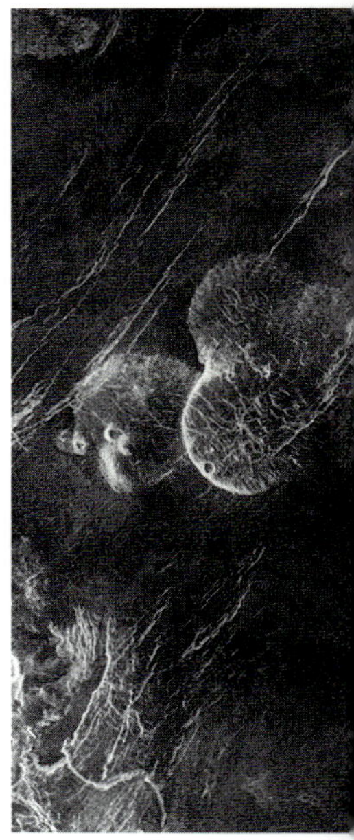

**25 Kilometer Durchmesser haben diese "Dome" aus Lava.**

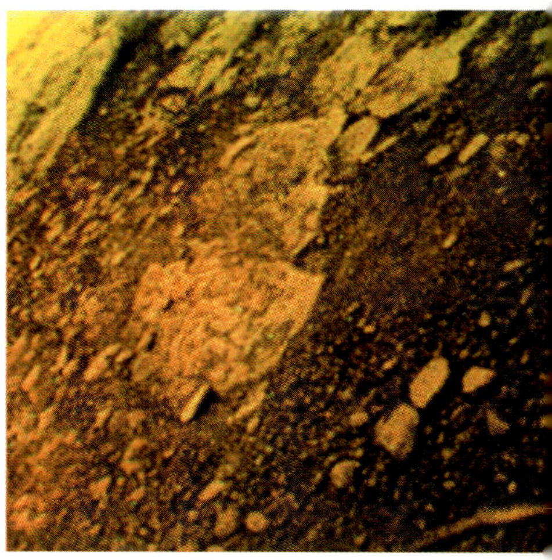

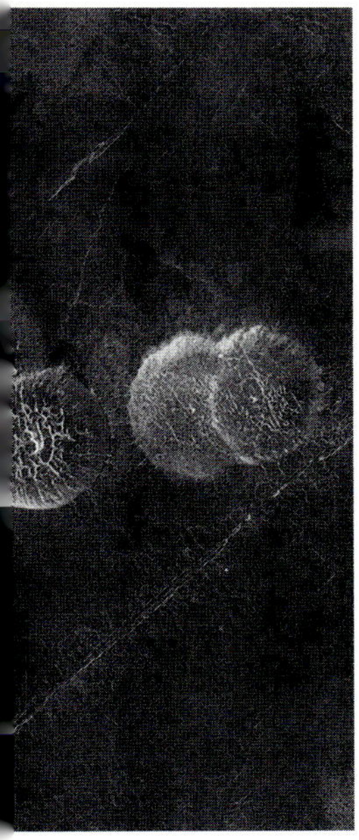

**Wegen der retrograden Rotation der wolkenverhangenen Venus geht hier die Sonne im Westen auf.**

**Panoramaaufnahme der Venusoberfläche nach der Landung von Venera 13. Die Oberfläche ist mit Sand und kantigen Steinen bedeckt. Im Vordergrund liegt die Abdeckung der Kamera. Rechts ragt eine Farbskala ins Bild, die nach der Landung zur Ermittlung der Echtfarben ausgeklappt wurde.**

# Erdmond

## Toter Begleiter der Erde

Seit Menschengedenken hat der Erdmond uns aufgrund seiner sich ständig wechselnden Erscheinung inspiriert. Schon immer haben sich Menschen über seine Natur gewundert und über seinen Ursprung spekuliert.

Es geschah während meines Lebens, daß sich der ferne passive Spiegel des Sonnenlichts in einen Planetenkörper mit einer komplexen Geschichte verwandelt hat. Zwölf Menschen haben seither den Mond betreten, Nahaufnahmen der Oberfläche wurden gemacht, Messungen durchgeführt und mehr als 350 Kilogramm Gesteinsproben zurückgebracht, um sie in irdischen Labors zu untersuchen.

**Das Erde-Mond-System.** Im Laufe der Erkundung des Planetensystems wurden zahlreiche Monde entdeckt, die um die äußeren Planeten kreisen. Von den inneren Planeten haben nur die Erde und der Mars Monde, wobei die beiden Marsmonde wahrscheinlich eingefangene Asteroiden sind. Unser Erdmond ist ausgesprochen groß ausgefallen – gemessen an der Größe unseres Planeten. Deshalb wird der Ursprung des Mondes als untypisches Beispiel einer Mondentstehung betrachtet. Trotz intensiver Untersuchungen sind die Verhältnisse jedoch nicht geklärt. Nimmt man alle heutigen Erkenntnisse zusammen, ergibt sich am ehesten folgendes Bild, das allerdings eine Reihe von Fragen offen läßt. So soll in der Frühzeit der Erde ein planetengroßer Körper streifend mit der Erde zusammengestoßen sein. Dadurch soll die Erde in eine schnellere Drehung versetzt worden sein. Eine Mischung von Erdmantel und Einschlagsmaterial wurde möglicherweise ausgeworfen und formte sich später zum Erdmond.

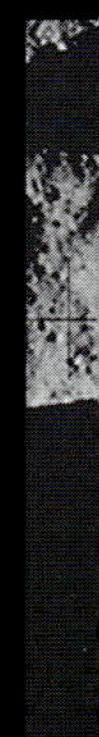

**Gemeinsame Ansicht des zunehmenden Mondes und der zunehmenden Erde, wie sie am 8. Dezember 1992 von der Raumsonde Galileo gesehen wurde.**

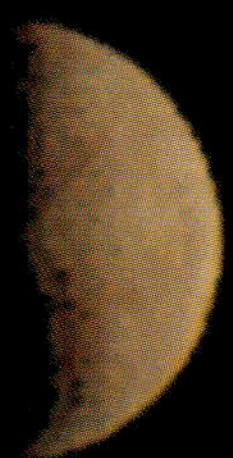

**Der Mensch auf dem Mond. Zum ersten Mal betritt er einen anderen Himmelskörper. Die Pläne für die Besiedlung von Mond und Mars werden bereits bearbeitet.**

Die Erde ist nicht nur für Mondbeben verantwortlich; sie hat ihn auch verbeult: So rund der Vollmond auch am Himmel steht, er ist keine Kugel. Matthias Claudius konnte das bei seinem Lied damals noch nicht so genau wissen, daß der Mond eher die Form eines Eies hat. Die Erde sieht bei genauerem Hinsehen eher wie eine Birne aus.

**Taumelnde Achse der Planeten.** Von einer Reihe von Planeten wissen wir aus Computer-Simulationen, daß sich im Laufe ihres Lebens wohl mehrere Male die Orientierung ihrer Rotationsachse änderte oder daß sie stark schwanken. Da stellt sich natürlich auch die Frage, warum das bei der Erde nicht passiert ist. Sie schwankt um ihre um 23,3 Grad zur *Ekliptik* ausgerichteten Achse lediglich um 1,3 Grad.

Die verblüffende Antwort aus Simulationen lautet: Der Mond hat unseren Planeten stabilisiert. Ohne unseren Trabanten hätte auch die Erdachse chaotisch getorkelt.[12]

Bedenkt man, daß bereits kleine Schwankungen, zusammen mit den ebenfalls kleinen Änderungen der Umlaufbahn, vermutlich den Wechsel zwischen Eis- und Warmzeiten verursacht haben, so bekommt man ein Gefühl dafür, wie verheerend die Klimaumschwünge gewesen wären, wenn es den Mond nicht gäbe. Möglicherweise hätte sich auf der Erde ohne den toten Himmelskörper Mond nie Leben halten können. Das heißt, die Erde braucht als belebter Planet einen großen Mond zur Stabilisierung der Rotationsachse im Raum und damit des Klimas auf der Erde.

***"Es war ein völlig anderer Mond, als ich ihn bisher gesehen hatte. Der Mond, den ich früher kannte, war eine flache, gelbe Scheibe; und dies war eine riesige dreidimensionale Kugel, von einem fast geisterhaft blau getönten Weiß. Er wirkte nicht wie ein sehr freundlicher oder einladender Ort, so daß wir uns fragten, ob wir in seine Sphäre eindringen sollten oder nicht."***

Michael Collins, Astronaut

***"Plötzlich taucht hinter dem Rand des Mondes in langen, zeitlupenartigen Momenten von grenzenloser Majestät ein funkelndes, blauweißes Juwel auf, eine helle, zarte, himmelblaue Kugel, umkränzt von langsam wirbelnden, weißen Schleiern. Allmählich steigt sie wie eine weiße Perle aus einem Meer empor, unergründlich und geheimnisvoll. Du brauchst eine Weile, um ganz zu begreifen, daß es die Erde ist . . . , unsere Heimat."***

Edgar Mitchell, Astronaut

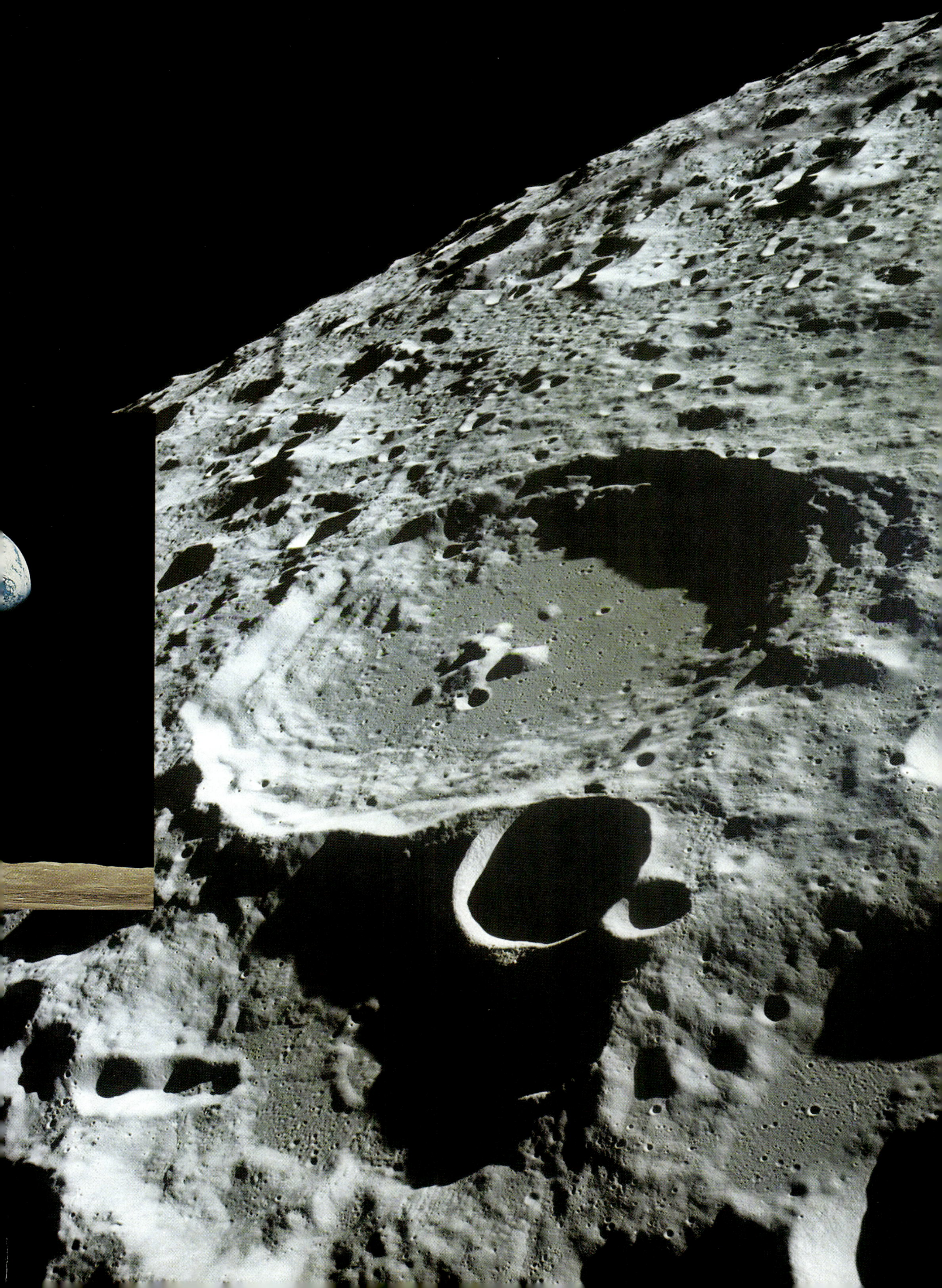

# Mars
## Rötlicher Nachbar ohne Leben?

Neben der Venus hat Mars wie kaum ein anderer Planet die Phantasie der Menschheit beflügelt. Ein über ein raffiniertes Netz von Marskanälen bestehendes Bewässerungssystem sollte von den Polen aus die äquatornahen Regionen mit Wasser versorgen.[13] Aufgrund des mehrfachen Erscheinens von Dunkelzonen auf dem Planeten verstieg sich 1901 der Österreicher Otto Dross in seinem Buch "Mars, eine Welt im Kampf ums Dasein" zu der Theorie, geniale Ingenieure rängen auf dem sterbenden Mars in hartem Kampf um die Schaffung fruchtbaren Landes aus Wüstengegenden. Spätestens 1972 lüftete die amerikanische Raumsonde Mariner 9 das Geheimnis der Hell- und Dunkelzonen als Staubstürme.

Mars ist anderthalb Mal so weit von der Sonne entfernt wie die Erde. Deshalb dringen auch weniger Licht und Wärme bis zum Roten Planeten vor, gerade einmal 43% der an der Erde ankommenden Strahlung. Anders als bei der Erde hilft dem Mars auch kein Treibhauseffekt, so daß ein Thermometer selbst an warmen Sommertagen selten Pluswerte anzeigen würde. Der Luftdruck der Marsatmosphäre ist so dünn wie bei der Erde in rund 35 Kilometern Höhe.

Tatsache ist, daß Mars nur ein Zehntel der Erdmasse wiegt und daß er mit dem Olympus Mons trotzdem die höchste Erhebung im ganzen Planetensystem mit rund 27 000 Metern Höhe trägt. Seine Grundfläche ist etwa doppelt so groß wie die Schweiz.

**Der aufgehende Mars, an dessen höchstem Vulkan Dunstschwaden sichtbar werden.**

**Ansicht des höchsten Berges im ganzen Sonnensystem, des Olympus Mons auf dem Planeten Mars. Es ist ein erloschener Vulkan mit 27 000 Metern Höhe. In der Gipfelregion wurde die Landschaft von gewaltigen Lavaströmen beherrscht. Lavakanäle und -rinnen durchfurchen hangabwärts die Flanken des Gipfels, teilweise auch über den mächtigen *Schildabbruch* hinaus.**

**Größenvergleich mit dem höchsten irdischen Berg, dem Mount Everest, und den Alpen.**

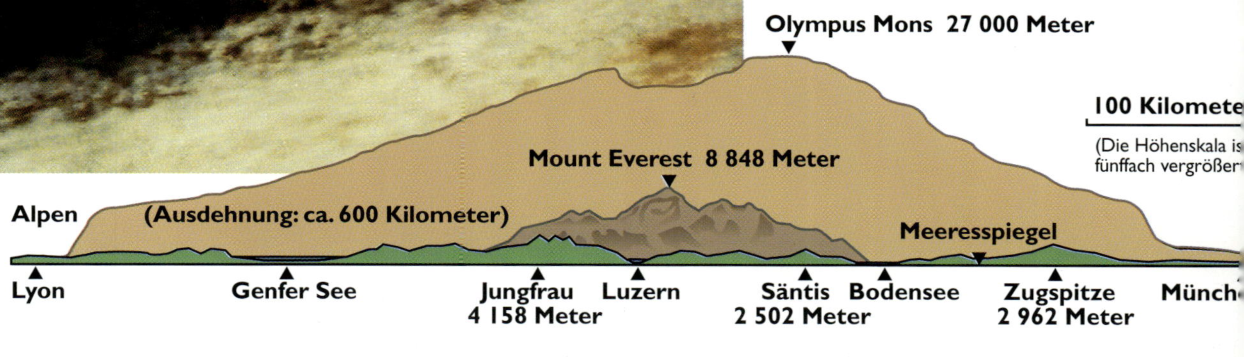

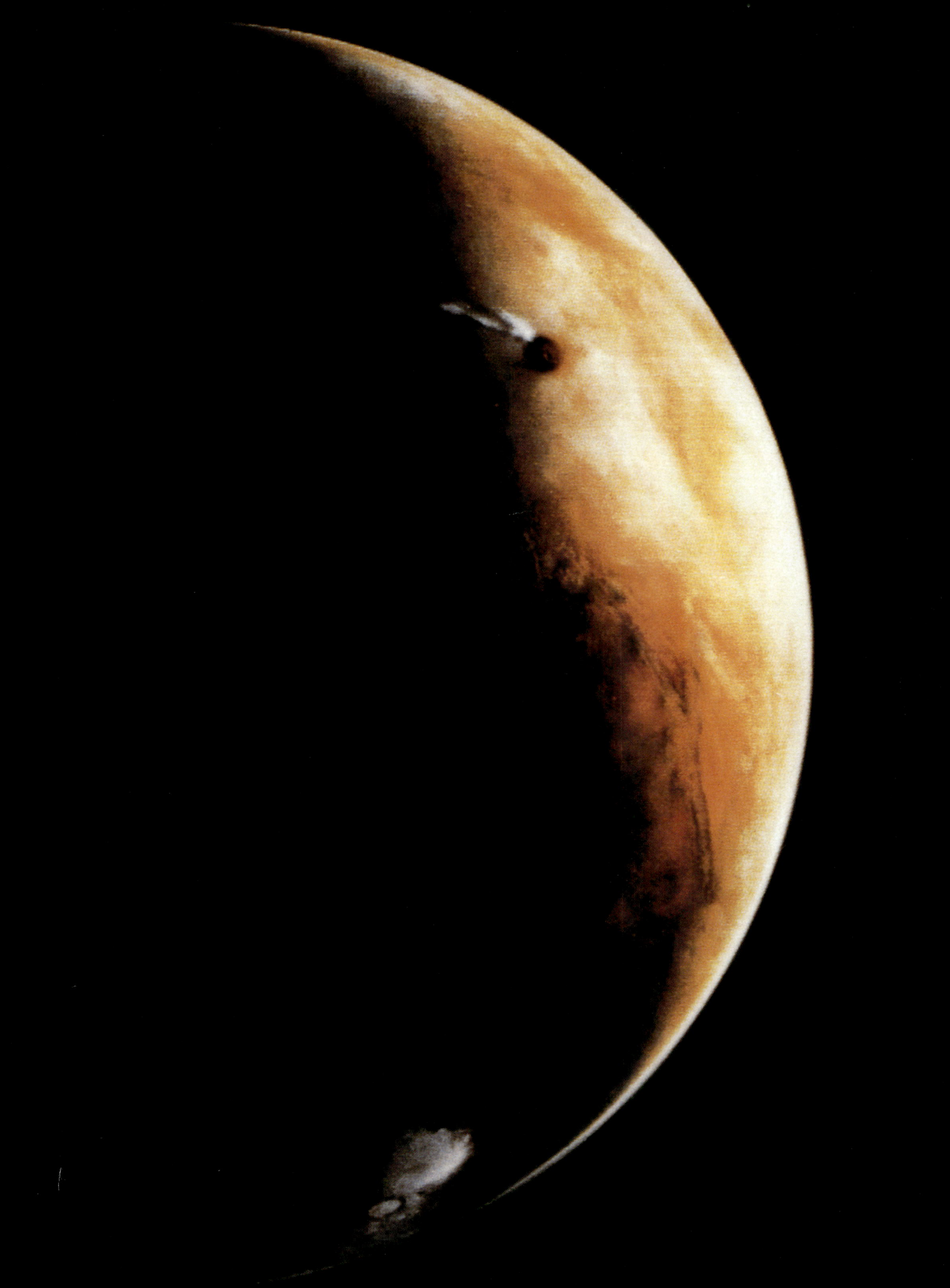

# Mars

## Rötlicher Nachbar ohne Leben?

**Riesencanyon auf dem Mars.** Zusätzlich fällt der Riesencanyon Valles Marineris entlang des Äquators als riesige Narbe auf (4 000 Kilometer lang, 80 bis 120 Kilometer breit, die Tiefe variiert zwischen einem und drei Kilometern), gegenüber dem sich der Grand Canyon in den USA eher bescheiden ausnimmt.

**Wasser auf dem Mars?** Bereits mit dem Kamerasystem der amerikanischen Raumsonde Mariner 9 hat man deutlich Flußbette nachgewiesen. Dort fließt heute kein Wasser mehr, aber weitverzweigte Strukturen zeugen von reißenden Strömen. Irdische Gewässer wurden im Gegensatz zum Mars vom Schmelzwasser aus den Gebirgen gespeist und dann durch Nebenflüsse erweitert. Die Wasserströme auf dem Mars erhielten ihr Wasser vermutlich aus einem riesigen *Permafrost*-Reservoir, das es allerdings noch nachzuweisen gilt. Mancherorts sollen aufgrund der hinterlassenen Flußbetten schätzungsweise bis zu 300 Millionen Kubikmeter Wasser pro Sekunde talwärts geflossen sein (gegenüber 30 000 Kubikmetern vor der Mündung des Mississippi). Der gegenwärtige Wasserdampfgehalt der Marsatmosphäre genügt heute allenfalls für einen, nur ein Hundertstel Millimeter dünnen Wasserfilm. Möglicherweise hatte die Marsbahn in früheren Zeiten eine höhere *Exzentrizität*, durch die eine entsprechende Klimaveränderung ausgelöst wurde. Außerdem muß die Marsatmosphäre wesentlich dichter gewesen sein, sonst wäre das ausquellende Wasser schnell verdampft. Allerdings kann Mars aufgrund seiner geringen Masse eine dichtere Atmosphäre nicht halten, so daß die Zusammenhänge alles andere als klar sind.

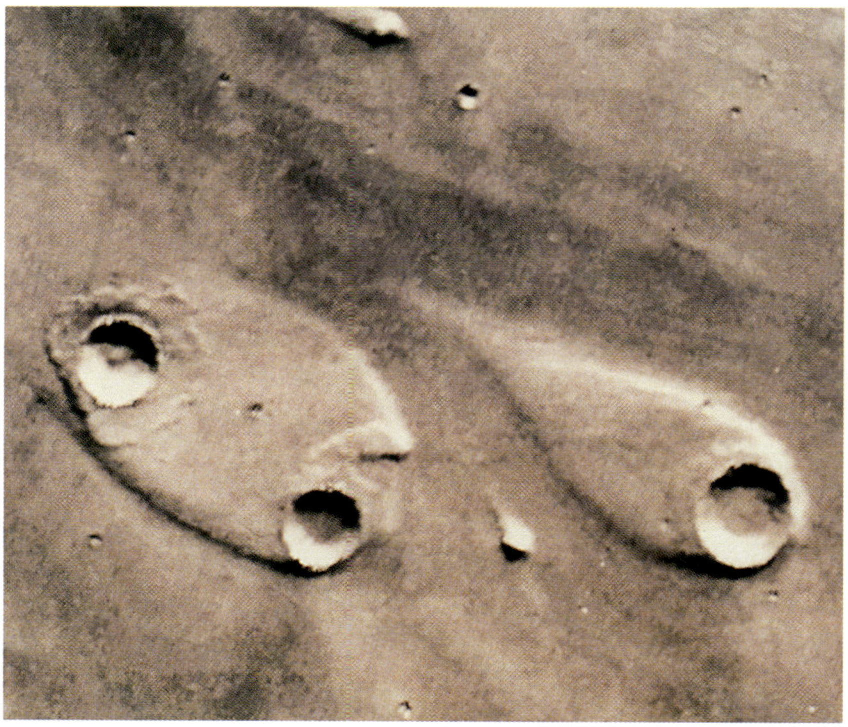

**Tränenförmig geformte Inseln am Ares Vallis. Die Strömung wurde um die Krater geleitet. Ähnliche Formationen sind auf der Erde nach Überflutungen, Winderosion und Gletscheraktivitäten bekannt.**

Der große, äquatornahe Canyon, die Valles Marineris, als die herausragendste Struktur auf dem Mars. Die Länge des Grabensystems beträgt etwa 4 000 Kilometer.

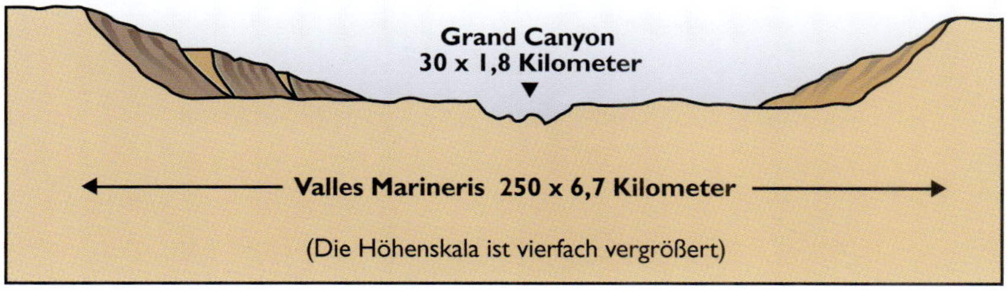


Größenvergleich der Valles Marineris mit dem größten Grabensystem der Erde, dem Grand Canyon.

# Mars

## Rötlicher Nachbar ohne Leben?

**Der Mars im Reagenzglas.** Mars ist heute ein trockener, kalter Planet mit sehr dünner, unwirtlicher Atmosphäre. Statt organische Spuren zu finden, meldeten die beiden amerikanischen Viking-Landekapseln absolut lebensfeindliche Verhältnisse auf dem Roten Planeten; sie stellten schließlich aufgrund eines "Kältetods" ihre Aktivitäten vorzeitig ein.

Kurz nach der Landung wurden die Kameras und die Experimente aktiviert. Sie lieferten Panoramaaufnahmen, erschnüffelten die Zusammensetzung der Atmosphäre, fühlten Marsbeben und analysierten Staubproben. Da man nicht davon ausgehen konnte, daß Marsmännchen freundlich lächelnd vors Objektiv treten, hat man raffinierte Experimente ausgedacht, um Spuren von Mikroorganismen aufzuspüren. Im Prinzip wurden nicht einmal organische Reste irgendeiner Lebensform gefunden, womit sich der Mars als steriler erwies als etwa die lebensfeindliche Antarktis der Erde. Das gilt jedoch strenggenommen nur für die beiden Landeplätze und dort nur für deren oberflächennahen Schichten. Als verdächtig gelten noch immer die Grundeisreservoire (Permafrostlager). Da unser heutiges Wissen über den Mars wesentlich auf die beiden Vikingsonden zurückgeht, ist es bei weitem nicht vollständig. Es könnte vielmehr so sein, als wäre man z. B. in der Sahara gelandet und würde behaupten, einen Gesamteindruck von der Erde zu haben.

Nach der Doppelpleite der russischen Phobossonden, die 1988 starteten und vor Erreichen ihres Missionsziels den Funkkontakt zur Bodenstation abbrachen, erlitt der amerikanische Mars Observer Ende August 1993 beim Einschwenkmanöver in die Marsumlaufbahn das gleiche Schicksal: Sollte er noch den Befehlen zum Einschwenken Folge geleistet haben, umkreist er nun zusammen mit Phobos den Mars als Weltraummüll. Bleibt letztlich die Hoffnung auf zukünftige Missionen, die zudem gegen Ende des Jahrzehnts einen Roboter zum Rückführen von Gesteinsproben einsetzen wollen. Auch sollen die ersten prädestinierten Astronauten zum Mars bereits unter uns leben. Die heutigen Pläne wollen glauben machen, daß man zur 50. Wiederkehr der ersten Mondlandung im Jahre 2019 bemannt auf dem Mars ankommen will. Jedenfalls haben 100 Jahre Marsforschung den Mars von verschwommenen Bildern zu einem wohlbekannten Nachbarn gemacht.

**Schlammkrater.** Natürlich war Mars wie andere Planetenkörper demselben Bombardement planetarer Gesteinsbrocken ausgesetzt, allerdings hat die Winderosion vieles inzwischen eingeebnet. Es gibt dennoch Einschlagsformationen, die den Eindruck machen, als sei durch den Einschlag die bereits erwähnte Permafrostschicht lokal aufgeschmolzen worden und breiartig auseinandergeflossen.

**Beispiel für einen "Schlammkrater". Der Kraterauswurf läßt auf eine weiche Beschaffenheit des Materials schließen.**

**Phobos und Deimos.** Der Rote Planet, wie Mars wegen der roten Farbe seiner Eisenoxide genannt wird, fliegt nicht einsam durch den Raum. Er hat sich zwei winzige Begleiter zugelegt, nämlich Phobos und Deimos, was auf deutsch "Furcht" und "Schrecken" bedeutet. Die pockennarbigen Mini-Monde sind vermutlich eingefangene Asteroiden. Phobos war durch einen Meteoriteneinschlag nahe an die Grenze seiner Belastbarkeit gekommen. Die durch den Einschlag ausgelöste Schockwelle lief quer durch den ganzen Mond und hat an der dem Einschlag gegenüberliegenden Seite noch Material ausgelöst. Ein etwas energiereicherer Einschlag hätte ihn in Millionen Bruchstücke zerlegt. Da Phobos nur 9 000 Kilometer vom Mars entfernt ist, wird er durch gravitative Kräfte und die Reste der dünnen Marsatmosphäre stetig abgebremst. Er befindet sich damit auf einem gefährlichen Kurs. Seine Lebenserwartung wird auf rund zehn Millionen Jahre geschätzt. Vielleicht verteilen sich dann seine Trümmer als Ring um den Planeten.

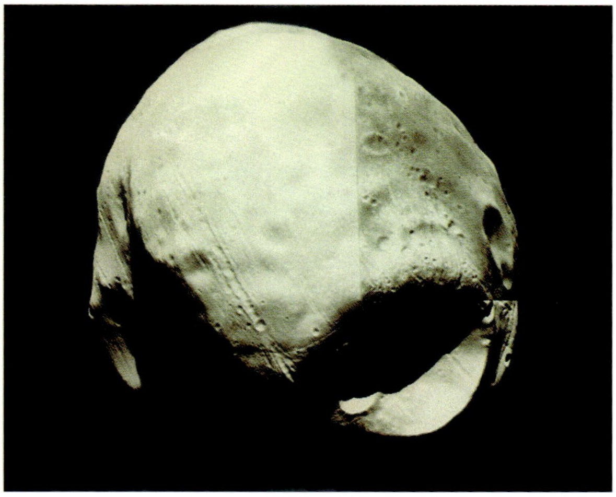

**Phobos, der nächste der beiden Marsmonde, den ein Einschlagsereignis fast an die Grenze seiner Belastbarkeit brachte. Er kommt dem, was man sich unter einem Asteroiden vorzustellen hat, sehr nahe und wird als deren naher Verwandter betrachtet.**

**Panoramaaufnahme der Marsoberfläche mit der Vikingsonde.**

# Mars
## Rötlicher Nachbar ohne Leben?



**Tatort Antarktis.** Im Jahre 1984 war mein ehemaliger Vorgesetzter Robert Walker, Direktor des McDonnell Centers for Space Sciences an der Washington University in St. Louis, mit einem Team von Meteoritenexperten zu einem Forschungsaufenthalt in der Antarktis unterwegs, um dort in zurückgehenden Blaueisfeldern nach Meteoriten zu suchen.

Selbst wenn außerirdische Teilchen durch ständiges Herabregnen auch auf der Erde sozusagen allgegenwärtig sind (siehe Seite 80), so kann man sie nicht ohne weiteres von irdischem Staub unterscheiden. Es sei denn, es handelt sich um ausgewählte größere Brocken. Diese sind besonders leicht in den Blaueisfeldern der Antarktis auszumachen, sobald sie durch Sublimation und Schneeverwehungen freigelegt wurden, zumal sie im allgemeinen dunkel sind.

Für die Meteoritensuche bietet sich vor allem die ebene Eiswüste der Ost-Antarktis an. Fast jeder Stein, der in der rund 3 000 Meter dicken Blaueisschicht gefunden wird, muß vom Himmel gefallen sein. Neben den günstigen Verhältnissen der Einbettung dunklen außerirdischen Gesteins in eine einheitliche blau-weiße Schneemasse kommt dem Sammeln von an sich gleichmäßig auf den Globus niedergehendem Material in dem Gebiet der Antarktis ein lokaler Konzentrationsmechanismus zugute: Die eingelagerten außerirdischen Steine sinken im Schnee ein und werden mit ihm in Form von Gletschern bewegt, haben lokale Erhebungen zu umfließen bzw. werden dort aufgestaut. Heftige Schneestürme legen die über Jahrhunderte angesammelten Steine nach und nach frei. Auf diese Weise wurden seit den ersten Meteoritenfunden im Jahre 1912 rund 18 000 Meteorite gefunden.

**Der geheimnisvolle Stein.** Größere Strecken wurden mit dem Schneemobil zurückgelegt. Eines Tages war man im Bereich der Allen Hills unterwegs, als Roberta Scores Blick zufällig auf einen Fremdkörper im Schnee fiel. Es war ein kartoffelgroßer Meteorit, der dem Team durch sein besonderes Aussehen auffiel. Er wurde durch Analysen anfänglich fälschlicherweise als Mondstein kategorisiert, während seine wahre Identität erst zwölf Jahre später enthüllt wurde.

Der bevorzugt karierte Hemden tragende Wissenschaftler David McKay arbeitete mit seinem Team schon seit langen Wochen im Johnson Space Center in Houston hinter verschlossenen Türen, um nichts von seiner immer spannender werdenden Indizienkette eventueller Lebensspuren im Marsstein vorzeitig nach außen

Zeltlager auf dem polaren Plateau der Antarktis.

Viele Meteoriten werden auf Blaueisfeldern bei den Allan Hills in der Antarktis gefunden.

Die schwarze Schmelzkruste von Meteoriten erleichtert das Auffinden von Meteoriten in der Antarktis.

dringen zu lassen. Jedoch machte eine undichte anonyme Quelle aus dem Hauptquartier der NASA eine vorzeitige Pressekonferenz notwendig, in der sensationelle Untersuchungen an einem Marsgestein mit dem geheimnisvoll klingenden Namen ALH 84001 angekündigt wurden.

Wäre die Nachricht nicht so aufgeblasen worden, hätte David McKay wie geplant seine Arbeit mit aller wissenschaftlichen Nüchternheit weiterführen können, so wie man eben David McKay kennt. Nun fand er sich aber plötzlich vor den Kameras der Welt und versuchte mühsam, die Euphorie zu dämpfen hatte er doch nicht viel mehr in Händen als eine Versteinerung einer Art segmentiertem Würmchen. Mit seiner Dicke von einem Hundertstel eines menschlichen Haares tauchen die Fragen auf, ob es überhaupt Raum für alle Erbinformationen bieten könne und ob es je hätte wechselstoffähig sein können, grundlegende Merkmale organischen Lebens. Von Befürwortern von Lebensspuren auf dem Mars wird es nach wie vor für ein *Nanobakterium* gehalten, währenddessen Gegner es als zufällige anorganische Formation bezeichnen.

Der Stein soll vor rund 16 Millionen Jahren bei einer Meteoritenkollision vom Mars weggeschleudert worden sein, segelte dann anscheinend einige Zeit durch das Weltall und schlug schließlich vor etwa 13 000 Jahren am Südpol unseres Planeten ein, wo er bis 1984 ruhte. Dann packten ihn Wissenschaftler in eine Kühltasche und brachten ihn in das NASA-Labor in Houston.

**Der etwa 4 Pfund schwere Meteorit ALH 84001, der in der Antarktis 1984 gefunden wurde.**
**Ermittelte Daten:**
- **angegebenes Alter: 3,6 Milliarden Jahre**
- **soll vor rund 13 000 Jahren vom Mars kommend im Eis der Antarktis gelandet sein.**

***Zu möglichen Lebensspuren auf dem Mars: "Außergewöhnliche wissenschaftliche Aussagen erfordern außergewöhnliche Evidenzen. Diese gibt es nicht."***

Carl Sagan, Astronom

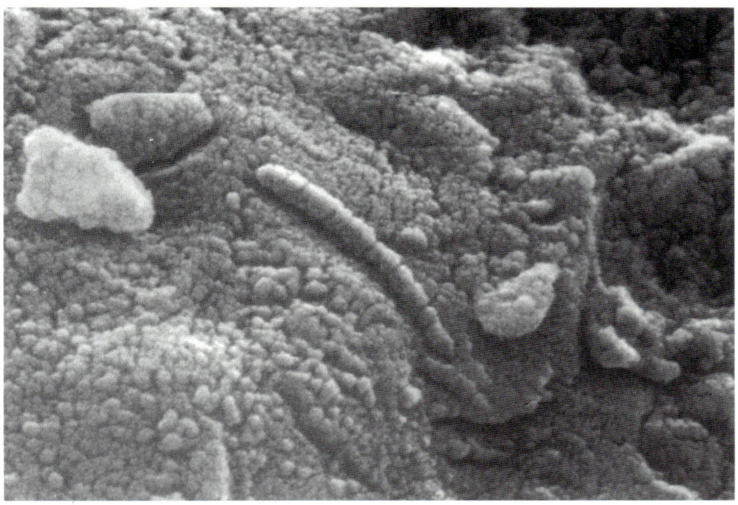

**Der aufsehenerregende Fund eines "segmentierten Würmchens" mit der Größe von 1/100 des Durchmessers eines menschlichen Haares. Es wurde in obigen Meteoriten gefunden und gilt als der bisher beste Nachweis möglicher Lebensspuren auf einem anderen Planeten. Detaillierte Untersuchungen daran stehen noch aus.**

# Mars
## Rötlicher Nachbar ohne Leben?



**Rückkehr nach 21 Jahren.** Amerika hat trotz aller wissenschaftlichen Vorbehalte die Suche nach außerirdischem Leben als neue Vision der Nation entdeckt. Es ist dies eine Politik, die wurmartige Verformungen auf einem Meteoriten zum Anlaß nahm, um ganze Raumfahrtprogramme zu rechtfertigen, um Budgetpläne durch den Kongreß zu bringen, um eine neue Daseinsberechtigung einer ganzen Behörde zu schaffen.

So wurde aus dem faustgroßen Planetenbrocken ALH 84001 ein milliardenschwerer Stein. Als erstes sichtbares Zeichen ist nun nach mehreren erfolglosen Annäherungsversuchen – nach zwei russischen Phobos-Sonden, dem amerikanischen Mars Observer und neuerdings der russischen Mars '96-Mission – der NASA die Rückkehr zum Roten Planeten gelungen.

**Nach 21 Jahren ist erstmals wieder eine Landung auf dem Mars geglückt: die Hüllen der Landeairbags sind beiseite geschafft und durch Ausklappen der Solargeneratoren das kleine Marsauto "Sojourner" freigelegt.**

**Amerika im Weltraumfieber.** Am amerikanischen Unabhängigkeitstag, dem 4. Juli 1997, hat die NASA auf der Marsoberfläche punktgenau vor den Augen einer feiernden Nation ein technisches Gerät plaziert, an dem alles dran ist, was den vielzitierten "Mann auf der Straße" interessiert: ein ferngesteuertes Auto und Kameras für bewegte bunte Bilder. Diese Technologie-Erprobungsmission sorgt noch Wochen nach ihrer Landung für Schlagzeilen. Seither beginnt unser Alltag mit der lapidaren e-mail: Sonnenaufgang über der Carl-Sagan-Memorial-Station am soundsovielsten Marstag um soundsoviel Uhr und endet mit dem Sonnenuntergang; dazwischen liegen die Erfolgsmeldungen, auch wenn kleine, bislang behebbare Pannen nicht ausgeblieben sind. Die Höchsttemperaturen werden bei nahe –12° Celsius erwartet, während sie nachts bis auf –79° Celsius abfallen.

Der Streit der Experten um komplizierte Dinge wie dem DNA-Gehalt von *Nanofossilien*, magnetisierten Kristallen oder auch PAH-Molekülen des Marssteins ALH 84001 wird von der Öffentlichkeit kaum mehr wahrgenommen. Der Chef der NASA, Daniel Goldin, der sich mit dem bescheidenen Titel "Administrator der NASA" ziert und der sich gern mit Cowboy-Stiefeln zeigt, weil sie ihn auf seinem Grundstück in den Santa-Monica-Bergen vor den Klapperschlangen schützen, hat aber sein Ziel erreicht. Wenn er sich auch ohne Übertreibung Reformer, Kürzungspapst, Chefideologe oder Visionär der amerikanischen Raumfahrt nennen könnte; eines wollte er jedenfalls nicht zulassen: Die NASA darf nicht zur Fluggesellschaft für das Space Shuttle verkümmern. Er war denn auch zufrieden, als der Welt beim Gedanken an außerirdisches Leben ein Schauer über den Rücken lief, sein neues Programm akzeptiert wurde und der amerikanische Kongreß wenige Wochen später wichtige Teile des NASA-Haushalts passieren ließ. So schwenkte drei Monate nach der Landung von Mars Pathfinder der Mars Surveyor erfolgreich in eine Umlaufbahn um den Mars ein. Darüber hinaus gibt es mit Mars Surveyor '98 mit einem Start im Jahre 1998 und dem Mars Surveyor '98 Lander mit einem Start 1999 weitere konkrete Planungen der NASA, und die Japaner sind mit Planet B dabei. Auch die Europäer werden mit Mars Express mitmischen, dessen Start für 2003 vorgesehen ist.

Ansichtskarte von einem anderen Planeten: Blick auf die Steinwüste des Mars. In das Bild ragen Teile des Landegerätes, während im Hintergrund der ein Kilometer entfernte Twin Peak sichtbar wird.

Das Schuhkarton-große sechsrädrige Marsfahrzeug "Sojourner". Unterhalb des Solargenerators befindet sich das Alpha-Protonen-Röntgenspektrometer APX zur Analyse von Gesteinen.

**Landung unter 'windigen Bedingungen'**. Am 27. Juni 1997 offenbarten Aufnahmen mit dem Hubble-Weltraumteleskop aus der Erdumlaufbahn stürmische Wetterbedingungen auf dem Mars für den Ort der Landung des US Mars Pathfinder. Ein Staubsturm füllte einen großen Teil des Riesengrabens der Valles Marineris und dehnte sich nach Norden bis rund 1 000 Kilometer zu dem vorgesehenen Landeplatz im Ares Vallis aus. Es war alles andere als klar, wie sich die Wetterbedingungen bis zur Landung entwickeln würden.

Aus der Erdumlaufbahn vom Hubble-Weltraumteleskop aufgenommene Bilder vom Wetter auf dem Mars. Sie deuteten für das Landegebiet stürmische Verhältnisse an. Da die Abbremsung des Landegerätes über die Atmosphäre erfolgte und die Solarzellen sowohl des Landegeräts als auch des Mini-Rovers staubfrei sein mußten, waren solche Informationen wichtige Elemente der Operationsplanung.

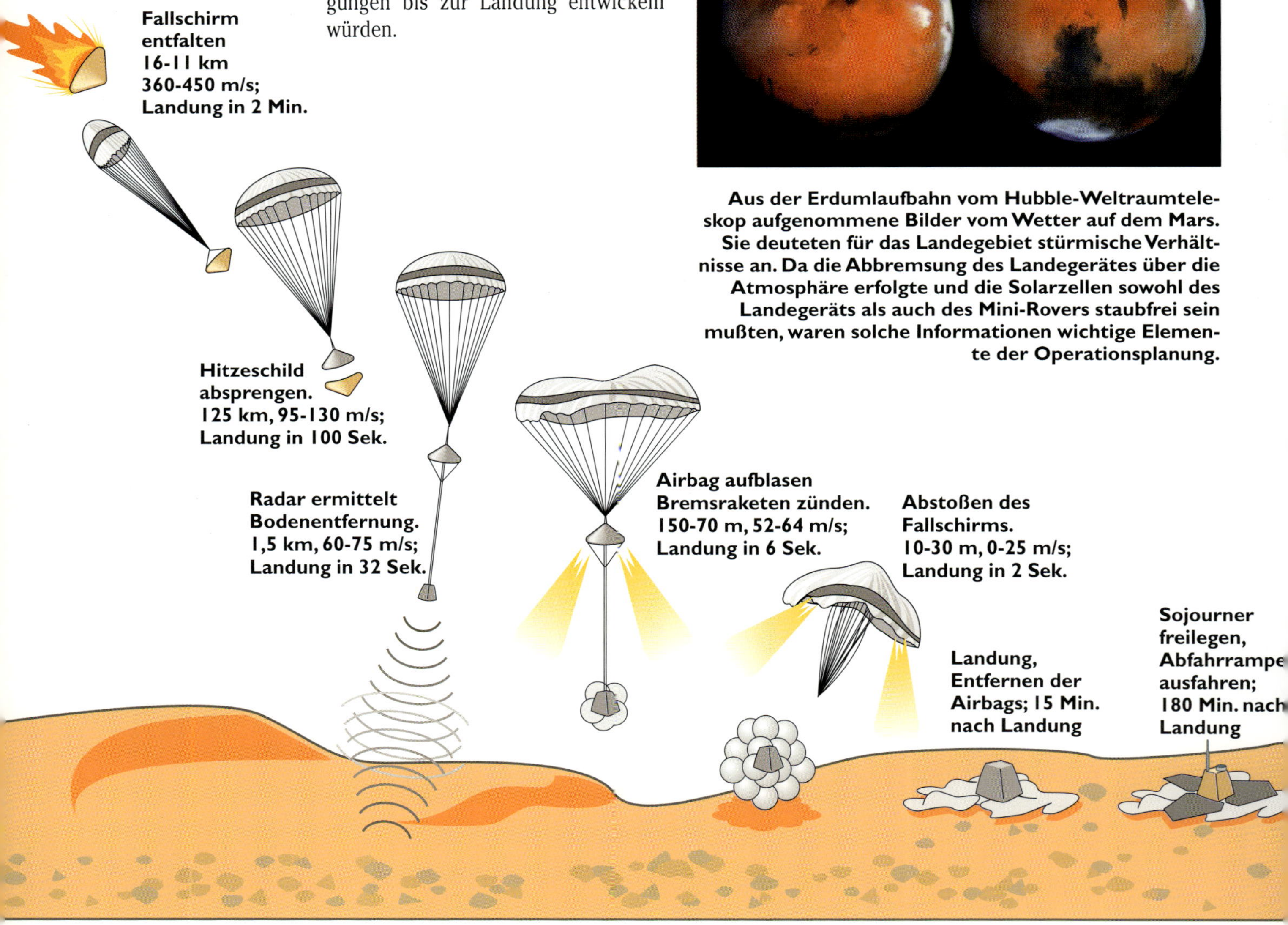

**Bildfolge aus dem Projektablauf des Mars Pathfinder.**

**Letzte Tests am Mini-Rover.**

**Landung mit Luftsack.** Startkosten sind nach wie vor ein wesentlicher Faktor einer Weltraummission. Deshalb muß man bei einer kostengünstigen Mission sinnvoll mit dem Parameter Masse umgehen. Sie systematisch zu minimieren, hat für die Definitions- und Entwicklungsphase langwierige Untersuchungen und Änderungen zur Folge, die auch ihren Preis haben. Bei Mars Pathfinder ist man einen ganz neuen Weg gegangen, um sich den sonst für die Landung notwendigen Abbremsmotor, seinen Treibstoff und teure Landebeine einzusparen. Statt dessen ist man direkt auf den Mars zugeflogen, hat im Abstand von 125 km mit Hilfe eines riesigen Fallschirmes die Geschwindigkeit von 7 600 Meter pro Sekunde auf rund 60 Meter pro Sekunde in 1,5 Kilometer Höhe abgebremst, um dann kleine Bremsraketen zu zünden, die das irdische Gerät mit 0 - 25 Meter pro Sekunde – mit einer großen Batterie von Luftsäcken geschützt – wie ein Riesenmolekül landen ließen. Letztlich kam es noch zu einigen Hüpfern und Rollbewegungen, bis Mars Pathfinder auf dem Boden des roten Planeten nach achtmonatiger Reise endlich zur Ruhe kam. Aus den Airbags wurde die Luft herausgelassen, die schlaffen Hüllen zurückgezogen und das Landegerät ausgerichtet, indem die Solargeneratoren ausgeklappt wurden. Damit war der im Inneren des Landegeräts geschützte Mini-Rover, genannt "Sojourner", freigelegt. Und nachdem die beiden Abfahrrampen ausgefahren waren, konnte er letztlich auch bewegt werden. Glücklicherweise haben Stürme das Unternehmen nicht beeinträchtigen können.

**Sondenkonfiguration während des Flugs zum Mars.**

**Airbags zum Schutz des Landfahrzeuges erscheinen wie ein Riesenmolekül.**

**Vorgesehener Landeplatz in einer Ebene des Ares Vallis, 850 Kilometer südöstlich des Landeplatzes von Viking 1.**

**So sieht es der Künstler: Landegerät und Mini-Rover auf dem Mars.**

# Mars

## Rötlicher Nachbar ohne Leben?

**Der kleine Rover hat über eine der Abfahrrampen des Landegeräts die Marsoberfläche erreicht, seine Spuren dem Staub aufgeprägt und den Stein "Barnacle Bill" erreicht.**

**Barnacle Bill gibt sein Geheimnis preis.** Der von den NASA-Wissenschaftlern so getaufte dunkle Brocken auf der Marsoberfläche war das erste Ziel des sechsrädrigen Mini-Rovers Sojourner. Das am Max-Planck-Institut für Chemie in Mainz entwickelte Alpha-Protonen-Röntgenspektrometer APX erschnüffelte den Gehalt von knapp 47 Prozent Sauerstoff. Der Stein enthält darüber hinaus rund 28 Prozent Silizium, 12 Prozent Eisen und 7 Prozent Aluminium – ein Ergebnis, das diesen Stein mit irdischem Granit vergleichbar macht.

Erste chemische Analysen deuteten an, daß bereits der Stein "Yogi" sehr unterschiedlich zu "Barnacle Bill" sein soll. In der Tat wurde im "Urstromtal" von Ares Vallis eine ganze Bandbreite unterschiedlich zusammengesetzter

**"Barnacle Bill"**



Körper aus vulkanischen Prozessen oder Einschlagsvorgängen erwartet, die vom Hochland heruntergespült worden sein könnten, so daß das Ergebnis nicht sehr überraschte. Genauere Untersuchungen zeigten allerdings, daß "Yogi" mit einer Staubschicht bedeckt war, die möglicherweise das erste Meßergebnis überlagerte. Der Versuch, deren Beiträge durch Subtraktion der chemischen Komponenten zu berücksichtigen, machte die beiden Steine ähnlicher und auch vergleichbar zu den Analysen anderer Proben durch Viking vor 21 Jahren. Untersuchungen von "Scooby-Doo" zeigten nur kleine Unterschiede zum lokalen Marsboden. Zu erwähnen ist noch die Inhomogenität innerhalb der Steine, die sich durch die unterschiedlichen Farbnuancen bemerkbar machte.

**Zuweisung von Proben unterschiedlicher Zusammensetzung:**

- **eventuell von Wasser gerundete Steine** (roter Pfeil)
- **scharfkantige Steine aus Einschlagsereignissen oder vulkanischer Aktivität** (blauer Pfeil)
- **helle Ablagerungen, die möglicherweise von abgedampftem Wasser zurückgelassen wurden.** (weißer Pfeil)

# Asteroiden
## Ring aus Planetenbröseln

Die Herren *Titius* und *Bode* verlangten aufgrund eines Ordnungsprinzips in der Welt der Planeten eine systematische Aufteilung der Abstände der Planeten von der Sonne. Ihre dafür entwickelte mathematische Reihe forderte einen weiteren Planeten jenseits des Mars, der bislang unbekannt war. Auf Initiative eines ungarischen Amateurastronomen schlossen sich damals zahlreiche Beobachter zum "Verband der Planetenjäger" zusammen. Die Ergebnisse kamen ihnen jedoch zuvor: In der Neujahrsnacht des Jahres 1801 entdeckte der Sizilianer Guiseppe Piazzi ein Objekt, das bisher in keiner Sternkarte zu finden war. Es wurde zunächst als neuer Planet angesehen, erwies sich jedoch als zu lichtschwach, sprich zu klein. Bei genauerem Hinsehen wurden tatsächlich weitere entdeckt. Heute geht die Zahl der sogenannten *Planetoiden* oder *Asteroiden* in die Tausende; ihre Entstehung ist nach wie vor unklar. Entweder stellen Asteroide

1. übrige Bruchstücke nach der sogenannten Planetenbildungsphase dar, oder es sind
2. Bruchstücke, deren Vereinigung Jupiter durch seine enorme Schwerkraft verhinderte, oder es sind
3. Trümmer eines Planeten, der in ferner Vergangenheit durch einen verhängnisvollen Vorgang auseinandergerissen wurde.

Man betrachtet es heute als am ehesten wahrscheinlich, daß das erwartete inelastische Zusammenstoßen und damit gegenseitiges Anlagern von herumfliegenden Materiebrocken zur Bildung eines weiteren Planeten durch *gravitative Störungen* des neugeformten Jupiter unterbrochen wurde. Aus der Sicht der sicher nicht unproblematischen evolutionären Theorien über die Entstehung des Sonnensystems neigt man heute am ehesten zu der zweiten Hypothese. Demnach wären Asteroiden und, wie wir später sehen werden, die Kometen die einzigen Überbleibsel aus einer postulierten Planetenbildungsphase. Man würde sicher mehr erfahren, wenn man einen Asteroiden einmal mit einer Raumsonde aus der Nähe untersuchen könnte. Pläne dazu existieren.

**Premiere im Weltall.** Mitentscheidend für die erste Nahaufnahme eines Asteroiden im Jahre 1991 war das Shuttle-Unglück vom 28. Januar 1986, so daß gerade Gaspra zu dieser Ehre kam. Dadurch wurde der Start der Jupitersonde Galileo um mehr als 40 Monate verzögert. Nach einem aufwendigen Flugplan, der zum Schwungholen zunächst zur Venus führte, gelangte die Raumsonde in die unmittelbare Nähe des Asteroiden, um dann nach einem wiederholten Vorbeiflug an der Erde zum Jupiter zu fliegen.

Das kleine, etwa 20x10x11 Kilometer große Objekt hat durch seine relativ dicke Staubschicht überrascht. Die Erklärung einer solchen als *Regolith* bezeichneten Staubdecke wirft Probleme auf, denn die *Fluchtgeschwindigkeit* auf Gaspra beträgt lediglich zehn Meter pro Sekunde. Man sollte eigentlich erwarten, daß alle Trümmer eines Aufschlags von Gaspra nicht gehalten werden können und davonfliegen. Zur Veranschaulichung: Ein Radfahrer könnte bequem in eine Umlaufbahn gelangen und den

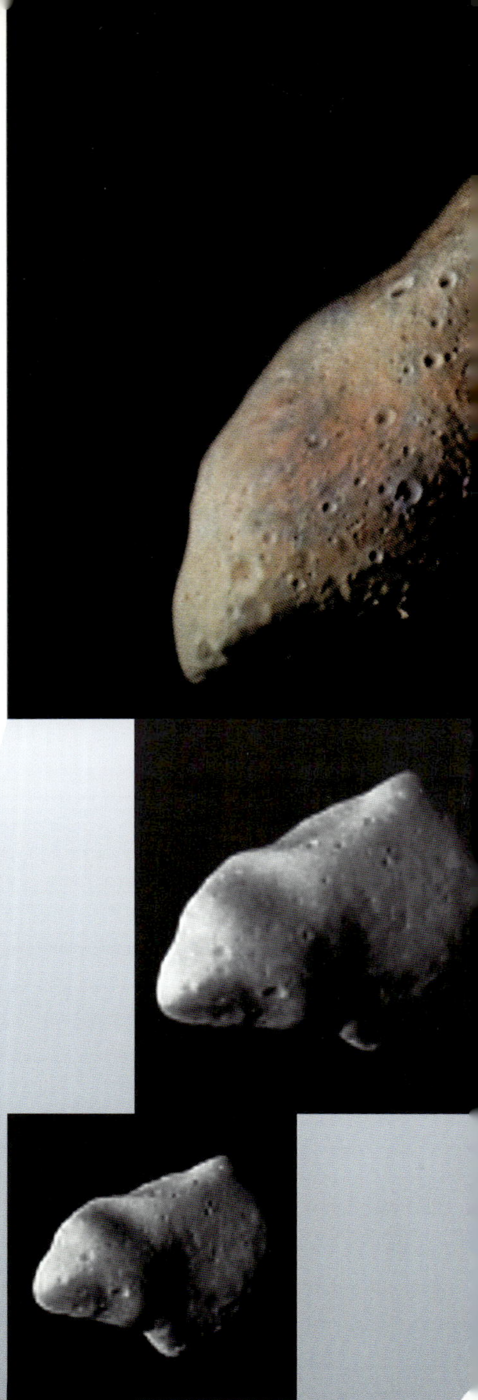

Es kam einer Sensation gleich, als man am Rande des Bildausschnitts von Ida den ersten Mond eines Asteroiden entdeckte.

**Das erste Porträt eines Asteroiden: Gaspra aus 16 000 Kilometer Entfernung.**



Anziehungsbereich sogar verlassen, wenn er entsprechend in die Pedale treten würde. Aus der Häufigkeit der Krater schließen die Wissenschaftler auf ein nicht allzuhohes Alter. Gut zwei Jahre später, am 23. März 1994, erreichten uns weitere Aufnahmen eines Asteroiden. "Als die Wissenschaftler den ersten Blick auf Ida warfen, kam das einem Schock gleich." [14] Ida muß wegen der dichten Bekraterung steinalt sein. Eigentlich sollte sie nur so alt sein wie Gaspra, gehört Ida doch zur gleichen Familie der *Koronis*. Man glaubte, daß diese Familie Bruchstücke eines großen Körpers enthalte, die im Zuge einer kosmischen Katastrophe vor 200 Millionen Jahren auseinandergebrochen sein soll.

Idas Oberfläche sieht der des Erdmondes sehr ähnlich. Man sieht überall Krater jeder Größe bis zur Auflösungsgrenze. Teilweise sind die Krater hell, wie man das vom Mond her auch kennt. Teilweise sind sie jedoch dunkel. Dies könnte ein Hinweis auf gewisse Schichtungen im Innern des Asteroiden sein, die in einigen Fällen durchstoßen wurden.

Zur Überraschung der Experimentatoren fand man ganz am Rande des Bildausschnitts einen hellen Punkt, der als Mond von Ida betrachtet wird. Eigentlich sollte Ida zu klein sein, um einen Mond zu halten. Deshalb meint man auch, daß diese Formation aus Asteroid und Mond wahrscheinlich sehr kurzlebig ist. Bereits nach einigen Millionen Jahren sollte sie sich aufgrund von Störungen durch Jupiter und andere Asteroiden wieder aufgelöst haben.

Obwohl bisher nie Proben von einem Asteroiden zurückgebracht wurden, befinden sich größere Mengen von Gesteinsproben asteroidischer Materie in unseren Museen und Labors. Beträchtliche Mengen außerirdischer Materie gingen in Form von *Sternschnuppen* oder *Meteoriten* auf die Erde nieder. Zwar geht durch die massive Wechselwirkung mit der Atmosphäre ein beträchtlicher Teil verloren, aber größere aus Stein oder Eisen bestehende Brocken überleben gelegentlich den feurigen Abstieg durch die irdischen Luftschichten.

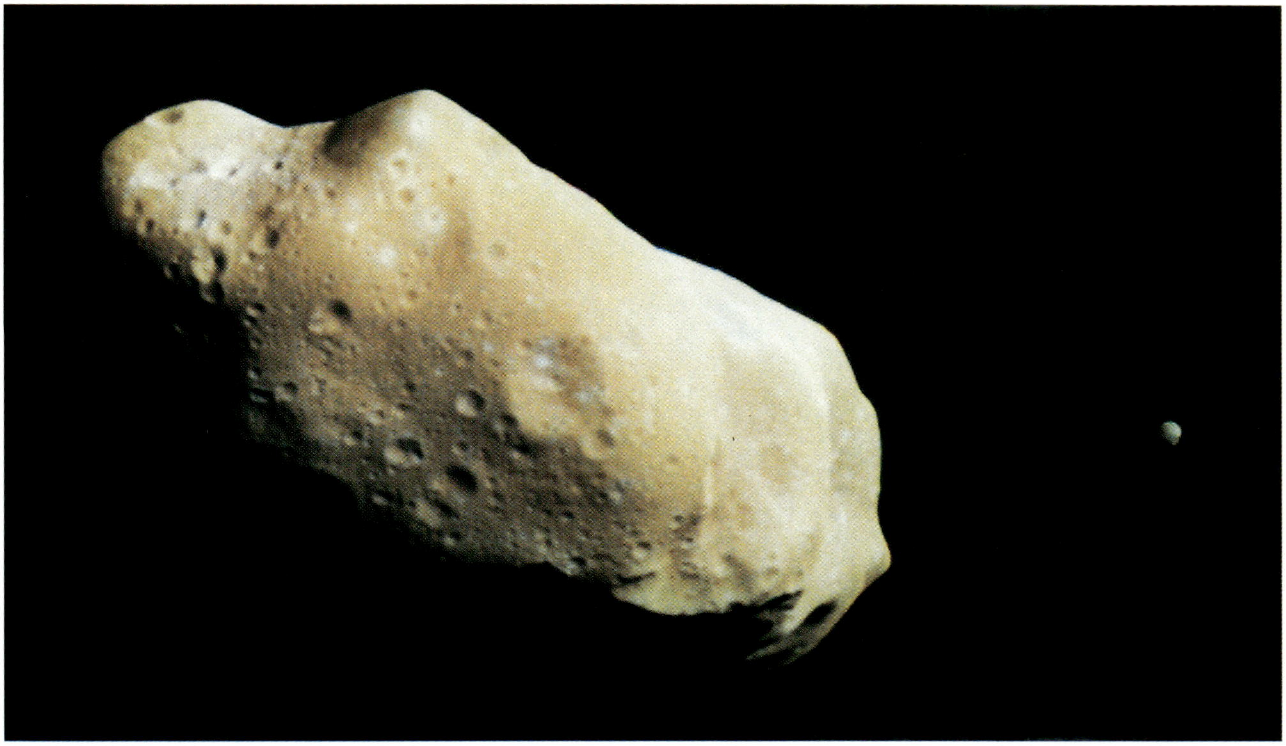

# Jupiter

## Die verhinderte Sonne

Jupiter ist der Gigant im Planetensystem; seine Masse ist größer als die Masse aller umlaufenden Planeten zusammengenommen. Wäre sie noch etwas größer, könnte er ähnlich wie andere Sterne Kernreaktionen zünden. Bereits im Fernrohr bildet er mit dem Farbenspiel seiner Atmosphäre einen faszinierenden Anblick. Beim näheren Hinsehen lösen sich die zum Äquator parallel laufenden Streifen in eine Vielfalt turbulenter Wirbel und diffuser Fahnen auf, die in den Streifen treiben. Berühmt ist eine ausgeprägte Kontur, der ca. 300 Jahre alte Wirbelsturm aus Ammoniakschnee, der als Großer Roter Fleck bekannt ist. Welche Mechanismen diesem Gebilde in der turbulenten Atmosphäre des Jupiter eine so stabile Struktur verleihen, ist weitgehend unbekannt.

> ***Künstler, Planeten taltet hat, wöhnlich aus einer en Vielfalt bedient."***
>
> karow, Kosmonaut

Wenn uns auch die beiden Sonden Voyager 1 und 2 Jupiter ein ganzes Stück nähergebracht haben, ist die eigentliche Jupiter-Satellitenmission die der Raumsonde Galileo. Sie wurde 1989 gestartet und erreichte nach sechs Jahren im Dezember 1995 ihren Zielort Jupiter, um ihn und sein Klein-Planetensystem 20 Monate lang als künstlicher Begleiter zu untersuchen. Eine Sonde ließ man an einem Fallschirm in die Jupiteratmosphäre sinken. Leider mußte diese Weltraumsonde mit einer Einschränkung auskommen: Die große Hauptantenne zum Absetzen der Bilddaten ließ sich trotz gewaltiger Anstrengungen nicht öffnen. Um den Zauber ferner Welten, der nun über die kleine Antenne gesendet werden mußte, nicht von einem Datenfluß zu einem "Bächlein" gerinnen zu lassen, hatten die Raumfahrtexperten ein wahres Kunststück zu vollbringen. Man kann dies am ehesten mit einer Gehirnoperation bei voller Fahrt vergleichen. Das "vegetative Nervensystem" wurde belassen, aber im "Großhirn" mußten alte "Denkprozesse" verändert werden.

**Beim Jupiter! Der rasende Roboter Voyager hatte auf seiner großen Himmelstour nach zweijähriger Reise den Riesenplaneten Jupiter mit seinen wirbelnden Wolkenbändern und seinen bizarren Trabanten vor die Kamera geholt. Aus fast einer Milliarde Kilometer Entfernung kamen auf der Erde gestochen scharfe Bilder an. Alle 48 Sekunden überraschende Aufnahmen von Jupiter und seinen Monden.**
**Die beiden runden Strukturen sind die Monde Io und Europa, die vor Jupiter stehen.**

NASA
USA

# 21 Jupiter

## Die verhinderte Sonne

**Das Planeten-Billiard.** Bis Jupiter erreicht wurde, hatte Galileo einen kurvenreichen Flug hinter sich gebracht: Nach dem Start im Oktober 1989 umkreiste er – noch in der Ladebucht des Space-Shuttle verstaut – fünfmal die Erde. Danach öffnete diese sich, und Galileo wurde ausgesetzt.

Die Jupitersonde zündete ihre Raketen und machte sich allein auf den Weg zur Venus, der ersten Etappe im Planeten-Billiard. Am 10. Februar 1990 näherte sich das 2,8 Tonnen schwere Raumschiff der Venus bis auf 16 000 Kilometer. Galileo raste unter einem flachen Winkel mit einem Tempo von 135 000 Kilometern pro Stunde in ihr *Gravitationsfeld* hinein. Wegen der hohen Geschwindigkeit schaffte es die Venus nicht, Galileo an sich heranzuziehen. Galileo wurde aber vom wolkenverhangenen Planeten umgelenkt und so über den Schleudereffekt wieder aus dem Anziehungsbereich herauskatapultiert. Bei diesem kurzen Rendezvous zapfte Galileo einen kleinen Teil der Bewegungsenergie der Venus um die Sonne ab, wodurch er nochmals runde 10 000 Kilometer pro Stunde zulegte. Eine Kurve um den Planeten, und die Sonde düste zur nächsten Etappe: zurück zur Erde. Ende 1990 war dann Galileo wieder über uns: In 950 Kilometern Höhe kam die zweite Etappe im Planeten-Billiard.

Wie bei der Venus raste die Sonde flach und schnell in den Erdgravitationssog und wurde, erneut beschleunigt, zur nächsten Billiard-Station – wieder der Venus – herausgeworfen. Dort wiederholte sich das Spiel. Im Dezember 1992 hatten wir dann Galileo wieder ganz in unserer Nähe. In nur 300 Kilometern Höhe nahm er die letzte Billiard-Bande und eilte nun mit 180 000 Sachen in weiten Kurven über den Asteroidengürtel zum Jupiter. Große Aufregung herrschte im Dezember 1995 in den Kontrollzentren. Galileo war auf rund 200 000 Kilometer Distanz bei Jupiter angekommen. An diesem Tag tauchte sein 338 kg schweres Tochterschiff in die Atmosphäre ein. Beim Abstieg wurde bereits in den obersten Schichten der Jupiteratmosphäre die Sinkgeschwindigkeit von fast 50 Kilometern pro Sekunde auf 300 Meter pro Sekunde abgebremst. Die Außentemperatur stieg dann durch Reibungswärme auf mehr als das Doppelte der Sonnenoberflächentemperatur an – eine thermische Belastung, die nur mit einem abschmelzenden Hitzeschutzschild abgefangen werden konnte. Etwa 60 Minuten lang hatten ihre Instrumente Daten gemessen und beispielsweise nur die Hälfte des erwarteten Heliumgehalts ermittelt, bevor sie in der immer dichter werdenden Atmosphäre des Jupiter verglühte.

**Die Raumsonde Galileo wurde in rund 300 Kilometer Höhe aus der Space-Shuttle-Bucht gehievt.**

**Der elektromagnetische Besen.** Bisher war ein Ringsystem Saturns Spezialität. Nun haben die Voyagersonden 1979 dem Jupiter einen Heiligenschein verpaßt, einen Ring, der nicht mit dem des Saturn zu vergleichen ist – weder was seine Struktur, noch was seine Entstehung betrifft. Sie geht nämlich nach heutigem Verständnis auf die Vulkantätigkeit eines seiner Monde zurück. Obwohl Io als relativ kleiner Mond – mit einem Durchmesser von 3 640 Kilometern ist sie etwas größer als der Erdmond – in mehr als fünffachem Sonne-Erde-Abstand im kalten Weltraum nach gängigen Entwicklungsmodellen seit einigen Milliarden Jahren kreisen soll, ist sie der vulkanisch aktivste Körper im gesamten Sonnensystem.

Als Voyager 1 in Richtung Io unterwegs war, wurden schon Stimmen laut, die jüngere Oberflächen erwarteten als solche mit einem Alter von den üblichen vier Milliarden Jahren. Heute meint man, Strukturen zu sehen, die nur eine Million Jahre alt sind.[15]

Nach eingehendem Studium der Aufnahmen fand man acht aktive Vulkane. Als Voyager 2 etwas später durch Jupiters Mondwelt streifte, fand er sechs Vulkane, die noch immer aktiv waren, und zwei weitere, die in der Zwischenzeit aktiv geworden waren. Die Rauchfahnen mehrerer Vulkane ragten wie große Pilze einige 100 Kilometer über Ios Rand empor.[15]

Klar scheint zu sein, daß ein so kleiner Körper in so großer Sonnenentfernung entsprechende Innentemperaturen nur für 10-15 000 Jahre halten kann. Woher hat Io also seine Energie? Die gängige Erklärung: Das immense Gravitationsfeld des Jupiter und seiner benachbarten Monde walken das Innere der Io ständig durch, so daß wir eine externe Energiequelle für den Io-Vulkanismus haben. In kurzen Intervallen von nur wenigen Stunden wird Io um einige Dutzend Kilometer auseinandergezogen und wieder zusammengedrückt. Warum dies nur bei einem der 16 bekannten Monde passiert, mag sicher mit den speziellen Bahnverhältnissen zu tun haben, was allerdings nur teilweise eine Erklärung ist.

**Mit Orange- und Violettfiltern aufgenommen erscheint der Jupiterring wie eine glänzende Haarnadel über der durchscheinenden Lufthülle des Planeten (zum besseren Verständnis wurde der Bogen des Staubrings teilweise ergänzt).**

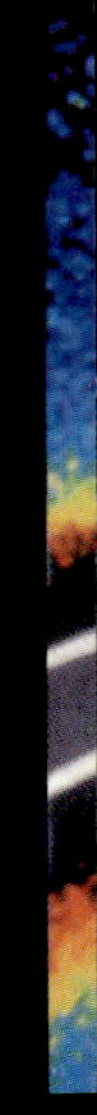

**Einzelheiten des Jupiter-Staubrings.**

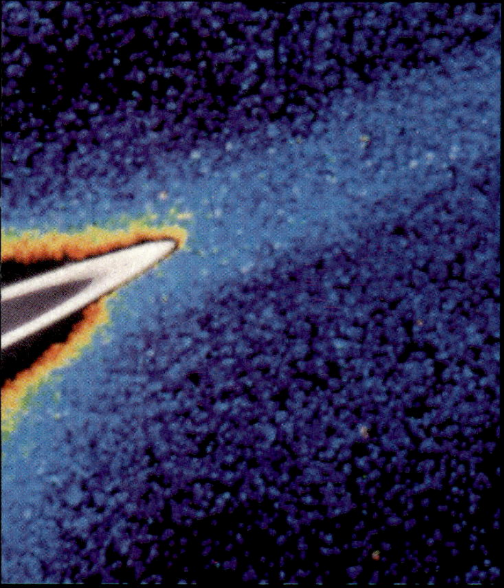

Der auf eine Höhe von bis zu 200 Kilometern freigesetzte Vulkanauswurf wird, vereinfacht gesprochen – Einzelheiten sind auch hier offen –, von der Ultraviolett-Komponente des Sonnenlichts ionisiert und von Jupiters Magnetfeld in eine Umlaufbahn gezwungen, so daß sich ein *torusförmiger Partikelschlauch* entlang der Io-Bahn um den Jupiter bildet. Die Ablagerungen durch den Vulkanauswurf – so die gängige Erklärung – müssen so groß sein, daß Io keinen sichtbaren von einfallenden Körpern erzeugten Krater hat, obwohl die Einschlagsrate durch die Gravitationswirkung des Jupiter sehr hoch sein muß.

Nach ersten Schätzungen stößt ein Io-Vulkan in jeder Sekunde 1 000 bis 10 000 Tonnen Material mit Geschwindigkeiten um einen Kilometer pro Sekunde aus. Dieses Material wird auch dringend für den Ring gebraucht, denn ohne laufenden Nachschub dieses vergänglichen Staubes würde er schnell verschwinden.

> ***"Ios Oberfläche war so dramatisch anders als alles, was wir vorher angedacht haben."***
>
> Candy Hansen, Mitglied des Voyager-Kamerateams

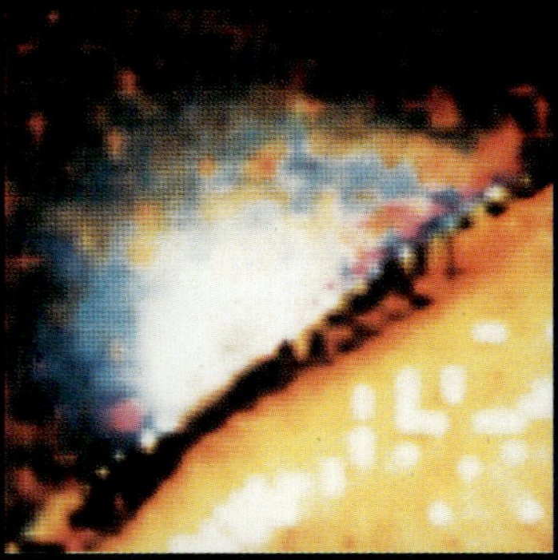

**Gewaltiges Feuerwerk im All: Insgesamt acht Fontänen aus geschmolzenem Schwefel schleudern auf dem Jupitermond Io Mondmaterie einige hundert Kilometer in die Höhe. Das Bild zeigt die mit Schwefelablagerungen bedeckte Oberfläche. Dunkle Stellen sind Vulkane, deren Auswurf möglicherweise das Material für den Jupiter-Ring bildet.**

# Jupiter

## Die verhinderte Sonne



**Seine Monde.** Bevor man Voyagerbilder in Händen hatte, sah man die Monde der äußeren Planeten als tote Körper an, wie eben auch unseren Erdmond. Die Experten erwarteten keinerlei Prozesse, die – wie es heute gefordert wird – Oberflächen der relativ kleinen Monde erneuern könnten.

Der Mond Europa zeigte sich auf den Bildern mit einer sehr jungen Oberfläche aus riesigen Packeisfeldern. Sie zeigt Sprünge wie eine zerborstene Eierschale mit nur einem halben Dutzend erkennbaren Kratern. Neulich wurde mit dem Hubble-Weltraumteleskop eine – wenn auch äußerst dünne – Sauerstoffatmosphäre entdeckt.[16] Sein Nachbar, Ganymed, zeigt auffällige Gräben, die offensichtlich das Ergebnis geologischer Aktivitäten sind. Sie müssen wohl recht alt sein, da selbst die jüngsten Rillen stark bekratert sind. Nur der äußerste Mond, Kallisto, zeigt eine mondähnliche, stark bekraterte alte Oberfläche, wie sie erwartet wurde. Alle anderen müssen, gemessen an den Erwartungen, als Ausreißer gelten.

Es bleibt ein Rätsel, warum die Monde, bei denen man eine ähnliche Entwicklungsgeschichte vermuten sollte, heute so unterschiedlich aussehen.

Während sich die inneren Monde gleichgesinnt mit Jupiter bewegen und ihre Bahnen recht gut mit Jupiters Äquatorebene zusammenfallen, sind die äußeren Monde ungezügelte Gesellen. Ihre Bahnebenen sind beliebig verteilt; die äußersten vier Monde laufen sogar entgegen der Planetenrichtung. Sie werden für eingefangene Körper gehalten (Asteroide), die in der Vergangenheit Jupiter zu nahe kamen und so auf Bahnen um den gestreiften Planeten gezwungen wurden.

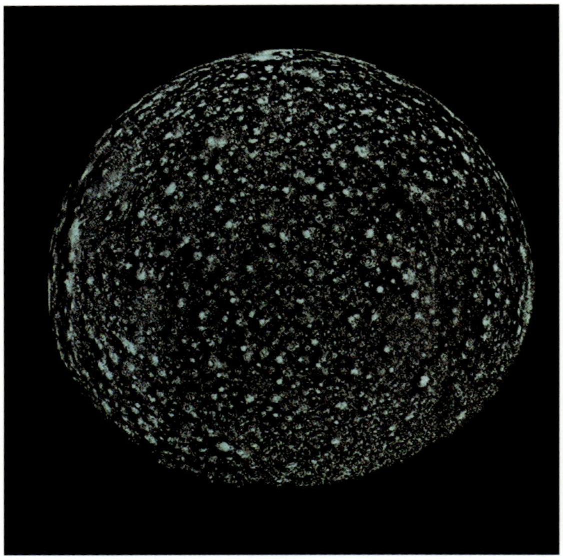

Kallisto

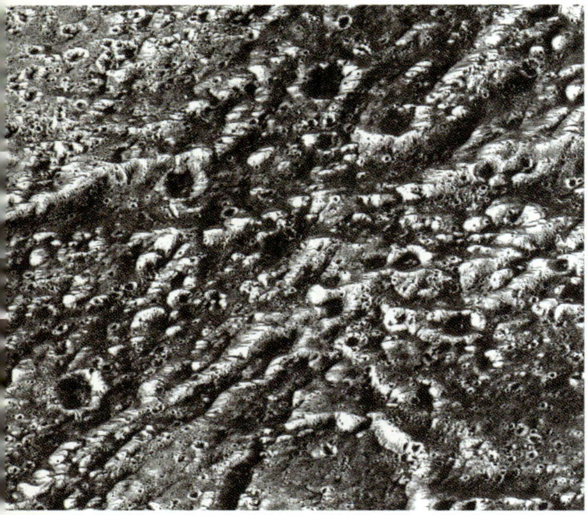

Das im Juni 1996 aufgenommene Bild des Ganymed. Diese Aufnahme entstand während des ersten Vorbeifluges der Raumsonde Galileo.

**Man stelle sich die Überraschung vor: Voyager 1 funkte die Bilder von dem innersten Jupitermond Io, der aktive Vulkane aufwies, zur Erde. Der nächste Mond, Europa, zeigte eine junge Oberfläche mit Rissen wie eine gesprungene Eierschale mit nur einem halben Dutzend Einschlagkratern. Sein Nachbar, Ganymed, überraschte mit ganzen Strängen von überdimensionalen Furchen. Nur der äußerste von Jupiters großen Monden, Kallisto, hatte die gewohnte, stark vernarbte Krateroberfläche, die jeder erwartete.**

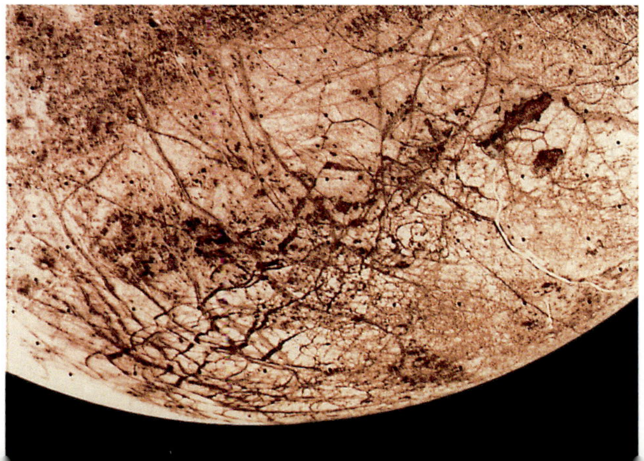

Europa

**Der Kometencrash.** Einschläge im Planetensystem sind altbekannte Phänomene. Die vernarbten Planeten- und Mondoberflächen sind davon beredte Zeugen. Zum ersten Mal in der Geschichte der Astronomie war diesmal jedoch das einschlagende Objekt lange im voraus beobachtbar und der Einschlagsvorgang selbst – teilweise mit gewissen Einschränkungen – direkt einsehbar. Seit März 1993 rasten circa 21 berggroße Bruchstücke mit rund 60 Kilometern pro Sekunde auf Jupiter zu. "Für das Sonnensystem mag es das imposanteste Ereignis der letzten 1000 Jahre sein", so einer der beiden Kometenentdecker David Levi.[17]

Die Menschheit hat großes Glück gehabt, daß sie von einer solchen Katastrophe nicht betroffen war. Beim Jupiterspektakel sind Energien freigesetzt worden, die etwa 20 Millionen Hiroshimabomben entsprechen. Allerdings haben wir Spuren ähnlicher Vorgänge ganz in unserer Nähe (s. Kap. Erde).

**Spuren von zwei Einschlägen in der Jupiteratmosphäre.**

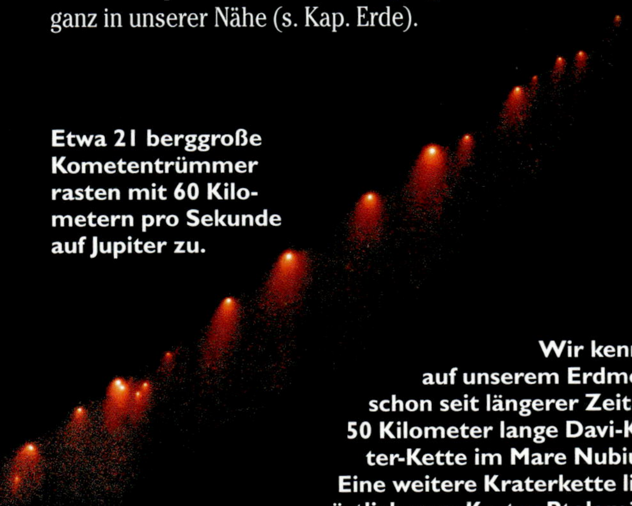

**Etwa 21 berggroße Kometentrümmer rasten mit 60 Kilometern pro Sekunde auf Jupiter zu.**

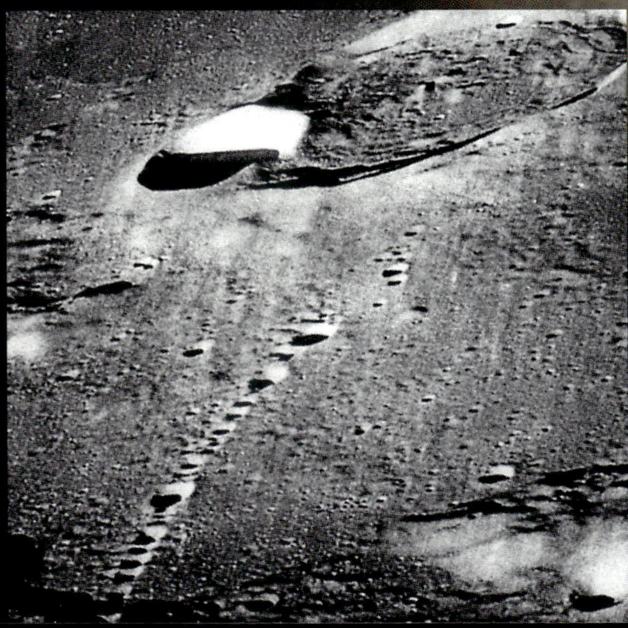

**Wir kennen auf unserem Erdmond schon seit längerer Zeit die 50 Kilometer lange Davi-Krater-Kette im Mare Nubium. Eine weitere Kraterkette liegt östlich vom Krater Ptolemäus. Heute führt man dies auf ein im Schwerefeld des Mondes aufgebrochenes Objekt zurück.**

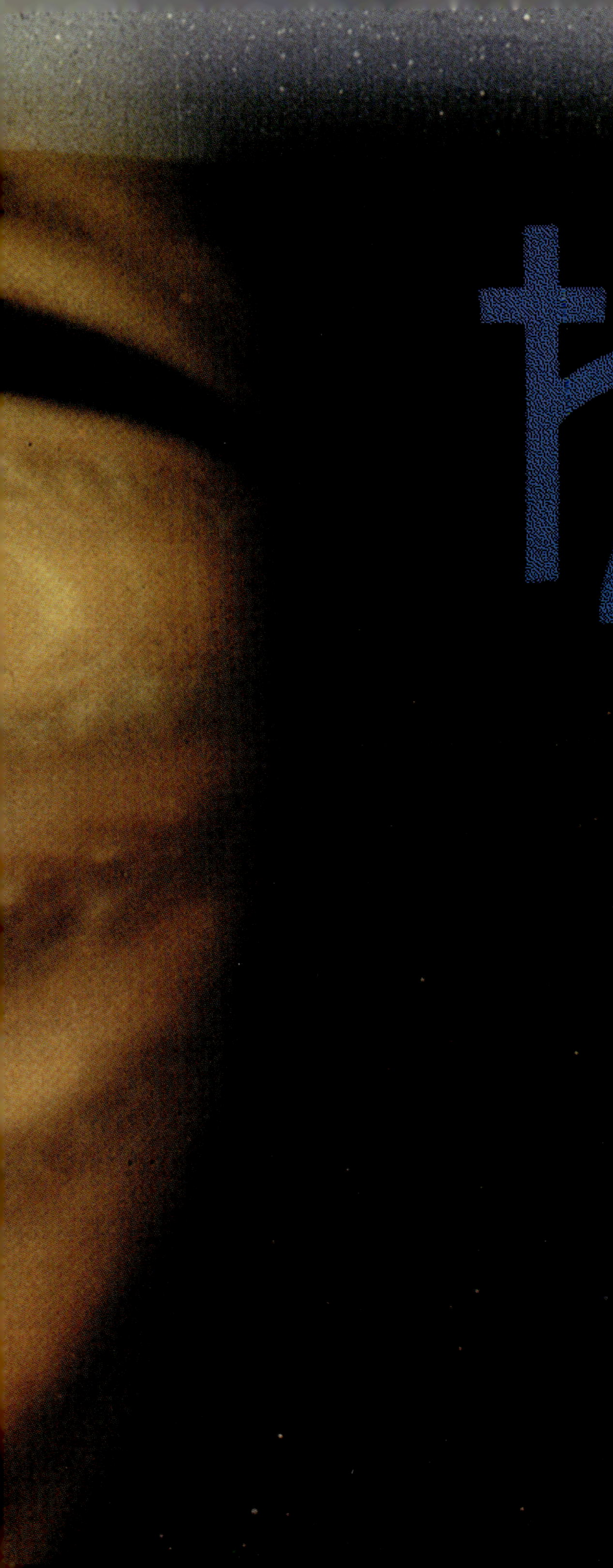

# Saturn

## Herr der Ringe

Wir befinden uns noch immer an Bord der Raumsonde Voyager, aber bereits auf unsrer zweiten Reiseetappe. Unser Fahrzeug, das eher einer überdimensionalen Salatschüssel mit Spinnenbeinen ähnelt als einem futuristischen Raumfahrzeug, ist bereits vier Jahre unterwegs, als es Saturn erreicht. Wir wollen uns nochmals bewußt machen, worauf wir uns zur Zeit beziehen: Unser veralteter Weltraumroboter hat die Sendeleistung wie die elektrische Leistung einer Kühlschrankinnenbeleuchtung. Seine Speicherkapazität ist vergleichbar mit der eines Kaufhauscomputers. Kein Mensch würde heute so ein Ding einsetzen! Dennoch haben wir mit diesem "Weltraumoldie" die besten Aufnahmen von Jupiter, Saturn, Uranus und Neptun erhalten.

Als Voyager 2 Anfang November 1980 mit einer Geschwindigkeit von 50 000 Kilometern pro Stunde (relativ zu Saturn) von Norden an Saturn heranflog, kamen die ersten gestochen scharfen Bilder an der Bodenempfangsstation an. Die Kameras zeigten ein filigranes Ringsystem mit ungeahnten Details, das immer mehr an die Rillen einer Langspielplatte erinnert: Aus bislang sechs bekannten Ringen werden Dutzende, Hunderte, Tausende. Am Ende ist man des Zählens müde. In Distanzen von 400 000 Kilometern von Saturn verlieren sie sich allmählich, ohne daß man eine genaue Grenze definieren kann. Dann wieder scheint es, als seien die unzähligen Ringe gar nicht mehr voneinander zu trennen, so als seien es endlos aneinandergereihte Wellentäler und -berge. Offenbar dirigieren eine Unzahl kleinerer Monde die Ringe auf ihren Bahnen, Monde, die so klein sind, daß der Übergang zu größeren Ringteilchen wohl fließend ist.

*"Wir dachten, wir wüßten, was Planeten sind, aber nun haben wir entdeckt, wie phantasielos unsere Vorstellungen waren."*

Laurence A. Soderblom, Geologe

# Saturn
## Herr der Ringe

**Saturns Begleiter - Lehrstücke der Himmelsmechanik.** Ohne den Begriff eines Mondes genau definieren zu können, spricht man heute von mehr als 20 Saturnmonden. Neun der großen Monde hat Voyager fotografiert, mindestens zwei weitere wurden beim sogenannten *Ringkantendurchgang* im Herbst 1995 mit dem Hubble-Weltraumteleskop entdeckt. Wenn sich auch auf all diesen Objekten Spuren früherer Meteoriteneinschläge eingegraben haben, so zeigen sie doch erhebliche Unterschiede.

**Mimas** zeichnet sich durch einen im Verhältnis zu seiner Größe riesigen Krater von 130 Kilometern Durchmesser aus, bei dessen Entstehung die kleine, 400 Kilometer große Kugel fast zerstört worden wäre.

Auf der Oberfläche von **Enceladus**, **Dione** und **Tethys** sind außer Kratern zahlreiche Furchen und Risse zu sehen. Seltsam ist, daß **Japetus** auf einer Hälfte deutlich dunkler ist als auf der anderen. Kein Mensch hat bisher eine Erklärung für diese Asymmetrie.

Ein Sonderfall ist **Titan**. Seine dicke Atmosphäre beeindruckt: Sie ist so dicht, daß die Oberfläche des Titan nicht zu sehen ist. Dort jedenfalls erwartet man bei –180° Celsius Methan- oder Ammoniakseen. Um die Jahrtausendwende wird eine spezielle Sonde der europäischen Raumfahrtbehörde ESA von dem amerikanischen Raumfahrzeug Cassini in die geheimnisvolle Atmosphäre des Saturnmondes Titan abtauchen und Meßwerte übermitteln.

Details von Saturns Ringsystem.

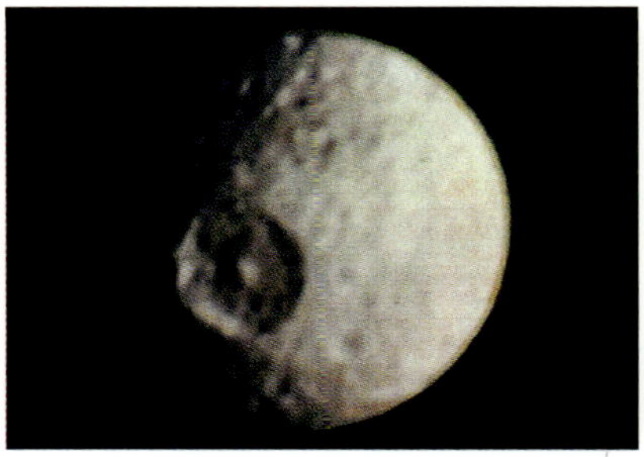

Mimas: mit dem riesigen Krater von 130 Kilometer Durchmesser.

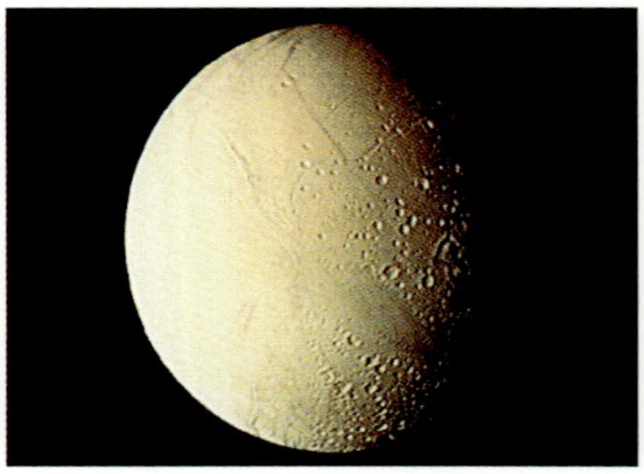

Enceladus: mit einer in weiten Teilen jungen Oberfläche.

Saturn in voller Schönheit.

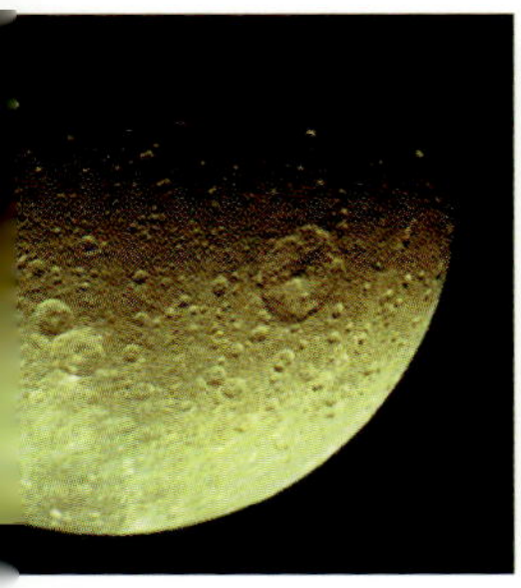

Dione: der größte aller Saturnmonde.

Japetus: mit der Asymmetrie.

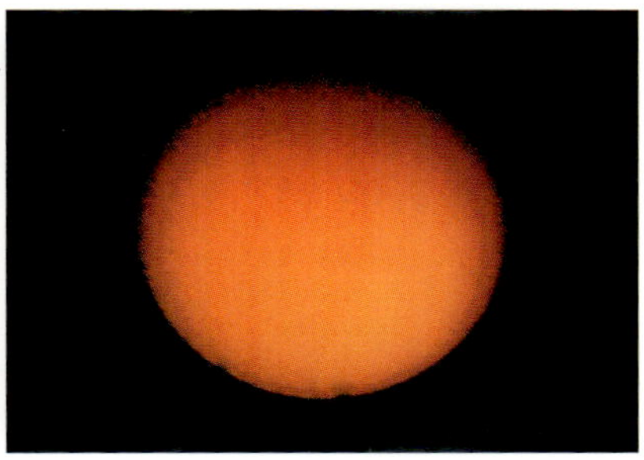

Titan: der Sonderfall.

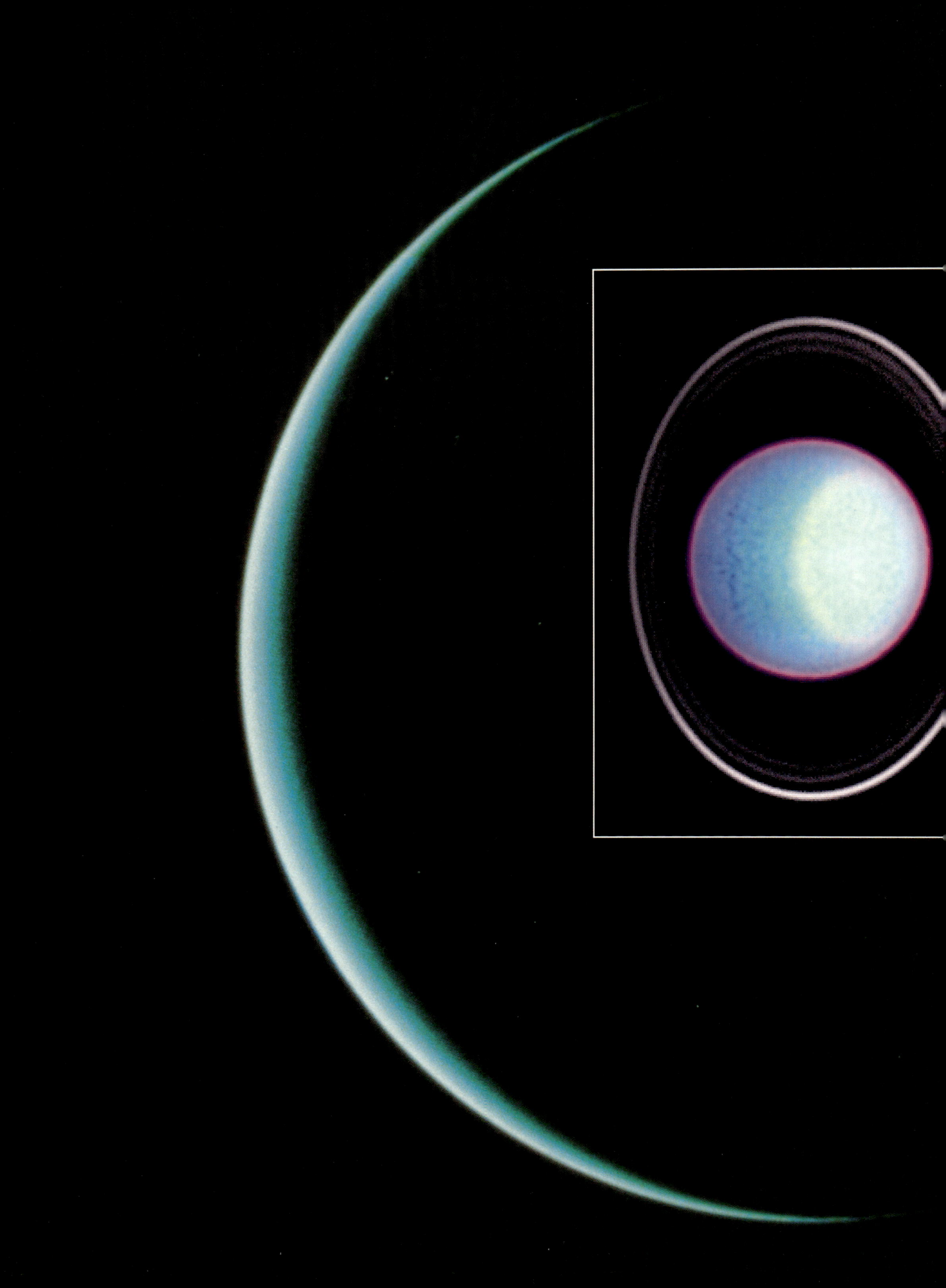

# Uranus
## Das rollende Wagenrad

Als Spezialität des Uranus gilt seine fast in der Ebene seiner Umlaufbahn liegende Rotationsachse. Uranus gleicht deshalb eher einem rollenden Wagenrad. 42 Jahre lang dauert es, bis der jeweils andere Pol vom Sonnenlicht erreicht wird. Da nur drei Promille der bei der Erde ankommenden Sonneneinstrahlung Uranus erreichen, dürfte es dort kaum wärmer als –210° Celsius werden.

**Das schwarze Karussell.** Das Ringsystem des Uranus war aus Messungen von Sternbedeckungen bereits bekannt. Es unterscheidet sich von dem des Saturn durch seine andere Struktur, das heißt durch große Zwischenräume und die Farbe seiner Ringkomponenten. Denn hochenergetische Strahlung zerstört Spuren von Methan im Wassereis und formt langkettige organische, teerartige Verbindungen. Von den bereits 1977 vorhergesagten zwei *Schäfermonden* pro Ring, also 18 für die damals bekannten neun Ringe, wurden nur zwei entdeckt. Ihr Durchmesser beträgt nur 20 Kilometer. Andere Monde wurden nicht gesehen, weil sie wahrscheinlich noch kleiner sind. Die Oberflächen der größeren Monde haben sich als vereiste, von Kratern und Furchen überzogene Objekte gezeigt.

**Miranda, der Fleckenteppich.** Der kleinste von fünf großen Uranusmonden hat mit der Vielfalt seiner Oberflächenstrukturen für große Überraschung und Erstaunen gesorgt. Mit seinen Kratern, Bergen, Klippen und parallelen Wällen sieht er aus wie ein Fleckenteppich, der aus Teilen sämtlicher Monde zusammengesetzt ist. Rechteckige Felder erscheinen wie von Giganten gepflügte Äcker, große Hochebenen sind von tiefen Canyons durchschnitten. Man ist weit davon entfernt, die Entstehung dieser schroffen Oberflächenformationen zu verstehen.

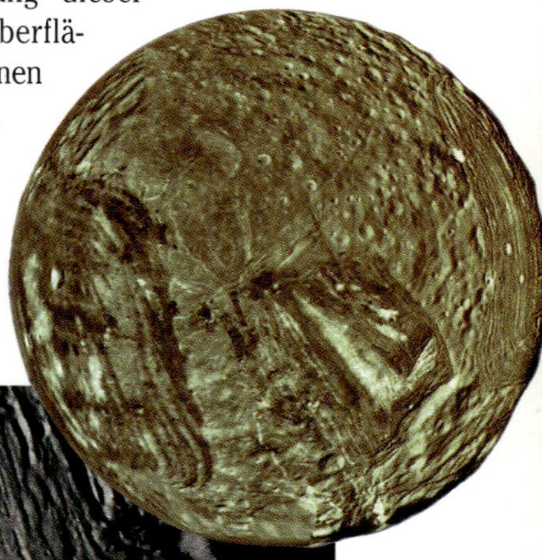

**Zerfurchte Welt von Miranda, dem interessantesten Uranusmond: Rechteckige Felder erscheinen wie von Giganten gepflügte Äcker; große Hochebenen sind von tiefen Canyons durchschnitten.**

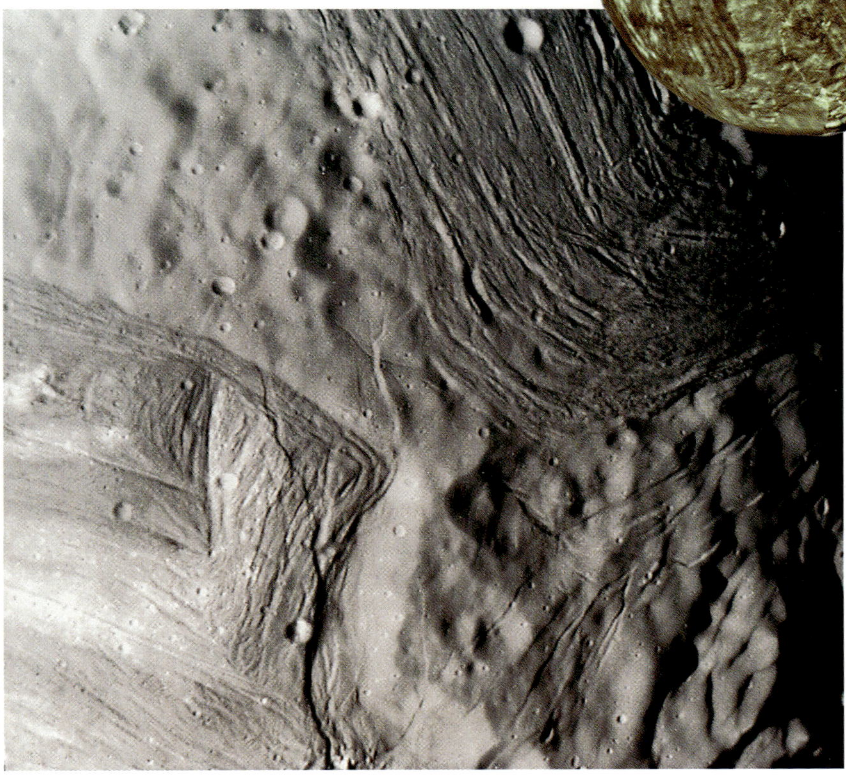

**Die schmale Uranussichel zusammen mit einer Gesamtansicht des Planeten und seinem Ringsystem, aufgenommen vom Hubble-Weltraumteleskop.**

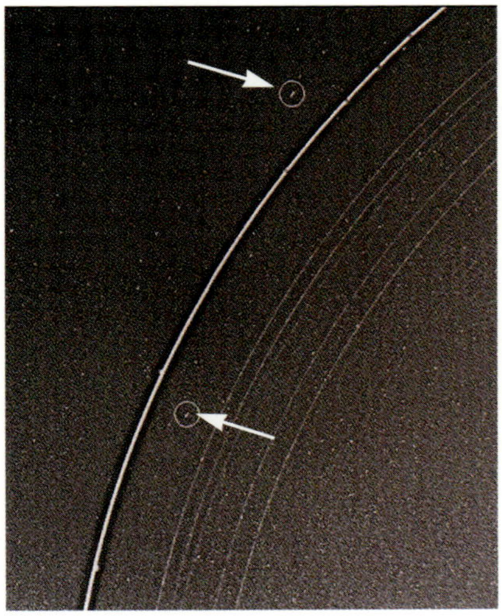

**Äußerer Teil des Ringsystems mit zwei im Jahre 1977 entdeckten Schäfermonden.**

# Neptun
## Der blaue Riese

Seit seiner Entdeckung im Jahre 1846 hatte er die Sonne auf seiner langen Bahn noch nicht ganz umrundet, als ihm zum ersten Mal ein menschengemachtes Objekt entgegenflog. Unsere Raumsonde Voyager war nun seit zwölf Jahren mit rasender Geschwindigkeit im Weltraum unterwegs, um sich den blauen Riesen aus der Nähe anzusehen. Über vier Stunden brauchten jetzt bereits die mit Lichtgeschwindigkeit reisenden Funkwellen, um von den größten Radioteleskopen empfangen zu werden. Durch seine kurze Distanz zu Neptun von etwa 5 000 Kilometern ermöglichte Voyager einen detailreichen Blick auf die stürmische Neptunatmosphäre, wo treibende Wolken aus fein verteilten Methaneiskristallen mit Orkangeschwindigkeiten bis zu 1 000 Kilometern pro Stunde über den Globus jagen. Woher der Planet in dieser großen Sonnenentfernung diese gewaltige Energie nimmt, ist noch rätselhaft.

**Die Ringwürste.** Lange Zeit hatte Neptun die Astrophysiker genarrt. Sternbedeckungen, deren Lichtkurve von der Erde aus gemessen wurden, hatten einmal Ringe angedeutet, ein anderes Mal war Fehlanzeige. Man spekulierte über Ringbögen, Bogenringe oder Ringsegmente. Keiner wußte, wie das auszusehen hatte. Als sich die Voyagersonde Neptun näherte, funkte sie zunächst ein etwas unscharfes Bild nach Pasadena. Es zeigte einen Mond und daneben feine Streifen. Die Spannung schien sich zu lösen. Ich war damals in Pasadena dabei und werde die Stimmung nicht vergessen, als auf den nachfolgenden Bildern die Ringsegmente immer länger wurden und sich zu Ringen vervollständigten. Es war eine Zeit großer Aufregung, der Verstopfung von Datenleitungen. Und wieder einmal konnte man erleben, daß astronomische Forschung mit Adrenalin zu tun hat. Schließlich fand man fünf getrennte, durchgehende Ringe mit Verdickungen, den sogenannten Ringwürsten. Sie stellen bis heute ein vollkommenes Rätsel dar. Zusammenstöße zwischen den Teilen, aus denen die Ringsegmente bestehen, sollten das Material innerhalb einer Dekade gleichmäßig entlang der Ringe verschmieren, es sei denn, daß ein Mond auf einer resonanten Bahn dies verhindert. Es wurde jedoch kein derartiges Objekt gefunden. Deshalb bleibt die Frage der Langzeitstabilität der Ringsegmente ein Rätsel.

Die Gesamtmenge des Staubes in den Neptunringen stellt ein ernstes Problem dar, denn der übliche Mechanismus der Nachlieferung des vergänglichen Staubes, nämlich Bombardement von Mikrometeoriten auf größere Teilchen, reicht bei weitem nicht aus, um selbst die vergleichsweise geringen Staubmengen zu erzeugen.

Damit sind Ringsysteme, die man bisher nur als Spezialität des Saturn und allenfalls von Uranus kannte, durch die Voyager-Ergebnisse zu einem allgemeinen Phänomen der äußeren Planeten geworden. So unterschiedlich die Ursachen für die Ringe auch sein mögen: Es sind allesamt Kurzzeitphänomene, was durch ihren filigranen Charakter evident ist und durch ihre Entstehungsgeschichte plausibel gemacht wird. Um so erstaunlicher ist es, daß sie vermehrt alle gleichzeitig auftreten.

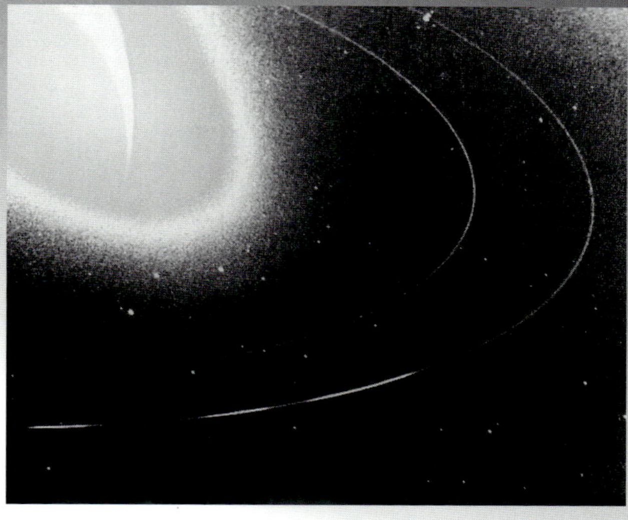

**Ringsystem des Neptun, das aus den sogenannten Ringwürsten besteht.**

**Neptun, ein blauer Planet am äußeren Rand unseres Planetensystems. Der Große Blaue Fleck ist die auffälligste Struktur seiner Atmosphäre.**

# Neptun

## Der blaue Riese

**Ein Mond mit Vergangenheit.** Bisher fiel er nur durch seine gegenläufige Bahn auf; der Neptunmond Triton bewegt sich entgegengesetzt zur "normalen" Laufrichtung der Planeten. Eigentlich hat man eine seit langem erstarrte, langweilige Eiskugel erwartet.

Aufgrund seiner hellen Oberfläche ist Triton mit etwa –240° Celsius das kälteste Objekt im Planetensystem und wohl kälter als der noch weiter von der Sonne entfernte Pluto. Deutlich sichtbar liegt eine unglaublich bizarre, vielfältig strukturierte Oberfläche unter einem durchsichtigen Dunstschleier. Die Farbskala reicht von rosa bis zu bläulichen Farbtönen, wie man sie sonst nirgends im Planetensystem sieht. Lange Gräben und Verwerfungsrillen überziehen die Kugel. Die von anderen Monden gewohnten Krater fehlen – ein Hinweis auf eine geologisch junge Oberfläche des Triton. Es scheint dort Seen aus flüssigem Stickstoff zu geben mit Inseln aus gefrorenem Methan. In der Nähe des Südpols hat man Hinweise auf einen sogenannten Eisvulkanismus, wobei niemand so richtig weiß, was das ist. Möglicherweise wird flüssiger Stickstoff hochgeschleudert, der dunkles Material aus tieferen Schichten mitreißt. Dieses Gemisch wurde dann, von Südwinden abgetrieben, auf der Oberfläche des Triton abgelegt. Sicher muß noch geklärt werden, wie sich unter der eiskalten Oberfläche Energievorräte so lange halten konnten.

*Der eisspeiende Neptunmond Triton "ist das irrwitzigste Objekt, das wir je gesehen haben."*
Laurence A. Soderblom, Geologe

Am 29. August 1989 kam es dann zur letzten der täglichen Pressekonferenzen auf dem Gelände des Jet Propulsion Laboratoriums JPL in Pasadena. Irgendwie wollte es keiner wahrhaben, daß nun das unwiderrufliche Ende einer Ära gekommen war, einer Spanne von zwölf Jahren, welche die vier größten Planeten des Sonnensystems von diffusen Teleskopbildern in Welten verwandelt hatte, wie sie niemand in seinen kühnsten Träumen hätte erwarten können.

Zurückgelassen haben die beiden Voyagersonden Berge faszinierender Fragen der Planetenphysik, welche die Theoretiker bis weit ins 21. Jahrhundert hinein beschäftigen werden.

**Blick auf die südliche Region des Triton. Die dunklen, länglichen Gebilde sind Niederschläge von Vulkanauswürfen, die von Südwinden abgetrieben wurden.**

**Voyager wirft einen letzten Blick zurück zu Neptun mit Triton.**

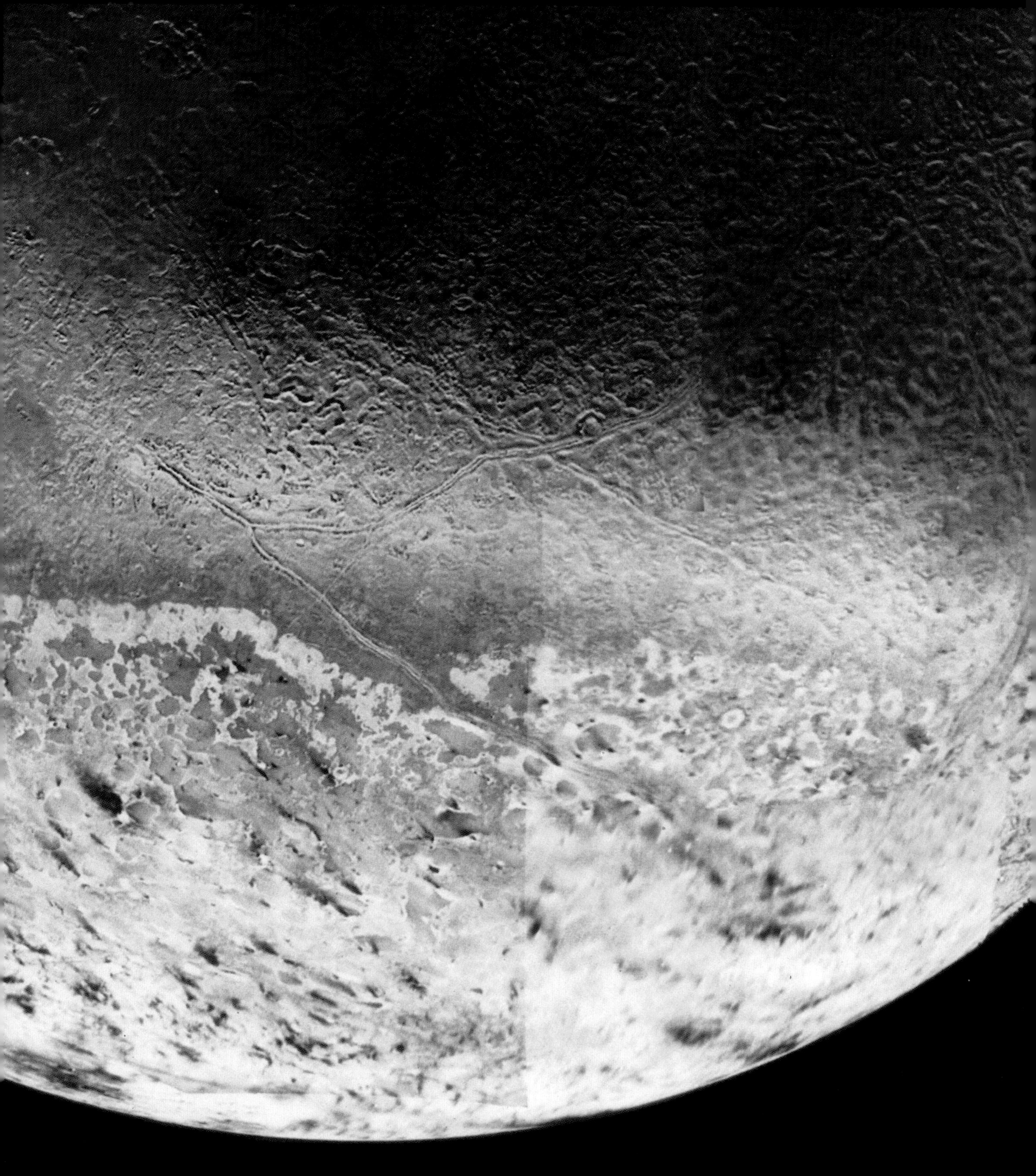

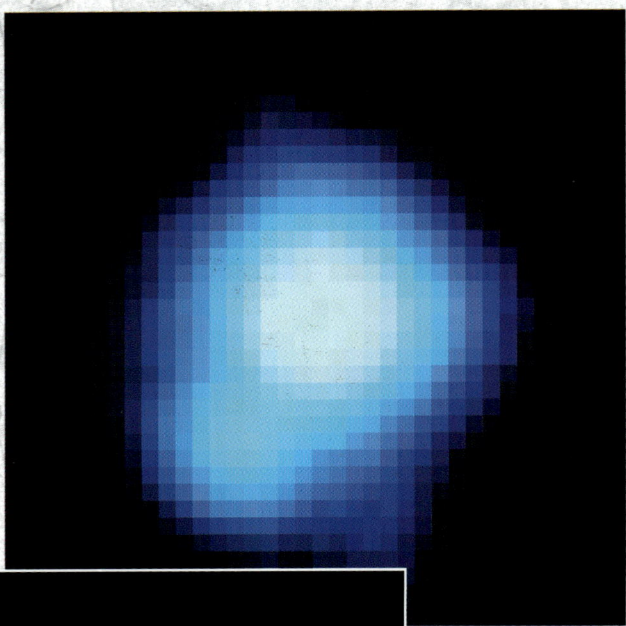

**Aufnahmen des Planeten Pluto und seinem im Jahre 1978 entdeckten Begleiter Charon.**

**Oben: mit erdgebundenem Teleskop.**

**Unten: mit Hubble-Weltraumteleskop**

# Pluto

## Der Außenseiter

Wahrscheinlich ist das im Jahre 1930 entdeckte Objekt gar kein richtiger Planet. Er ist mit 2 200 Kilometern Durchmesser kleiner als unser Erdmond, und seine Bahn paßt nach Form und Lage nicht in das Schema der übrigen Planeten. Schließlich hat er einen Mond, der halb so groß ist wie er selbst. Dieser wurde 1978 als längliche Ausbuchtung auf Bildern des Pluto entdeckt. Wegen der ungewöhnlichen Größenverhältnisse des Planeten zu seinem Mond kann man fast von einem Doppelplaneten sprechen. Neuere Untersuchungen weisen Pluto eher einer etwa 35 000 Objekte zählenden Asteroidengruppe zu, den Transneptunen.[18]

Bisher hat kein menschengemachtes Objekt Pluto erreicht. Das beste Bild stammt von dem die Erde in einigen hundert Kilometern umkreisenden Hubble-Weltraumteleskop. Ein Raumflug zu Pluto war bisher nur eine Notiz auf dem Wunschzettel der Planetenfor-

**Die bisher besten Bilder des Pluto stammen aus dem Jahre 1996. Sie enthüllen einen Planeten mit ungewöhnlich großen Oberflächenkontrasten.**

scher. Für Voyager lag Pluto nicht auf der Flugroute. Nun könnte eine seltene Kombination von Wissenschaft, Politik und einem ausgefallenen Design einen Start im Jahre 2005 ermöglichen.

Zur Zeit der Ankunft einer ersten Doppelsonde wird sich Pluto an seinem sonnennächsten Punkt seiner elliptischen Bahn befinden, einem Zeitpunkt, an dem sich eine dünne Methan- und Stickstoffatmosphäre ausbildet. Wie dies genau geschieht, will man erkunden. Ebenfalls erforschen wollen die Wissenschaftler, warum Pluto fünfmal heller erscheint als sein nur 18 000 Kilometer von ihm entfernter Mond Charon. Etwa 200 Tage später soll die Schwestersonde die entgegengesetzte Hemisphäre aufnehmen. Diese verzögerte Ankunft würde es erlauben, die Beobachtungen zu optimieren, zumal die zweite Sonde auf nur dreitausend Kilometer an Pluto herangesteuert werden soll. Ab dem Jahre 2020 wird die Temperatur wieder so weit sinken, daß die Atmosphäre ausfriert und sich als Eisfilm über die Oberfläche legt. Zwei Jahrhunderte lang wird es "Winter" sein. Höchste Zeit also für einen baldigen Pluto-Besuch!

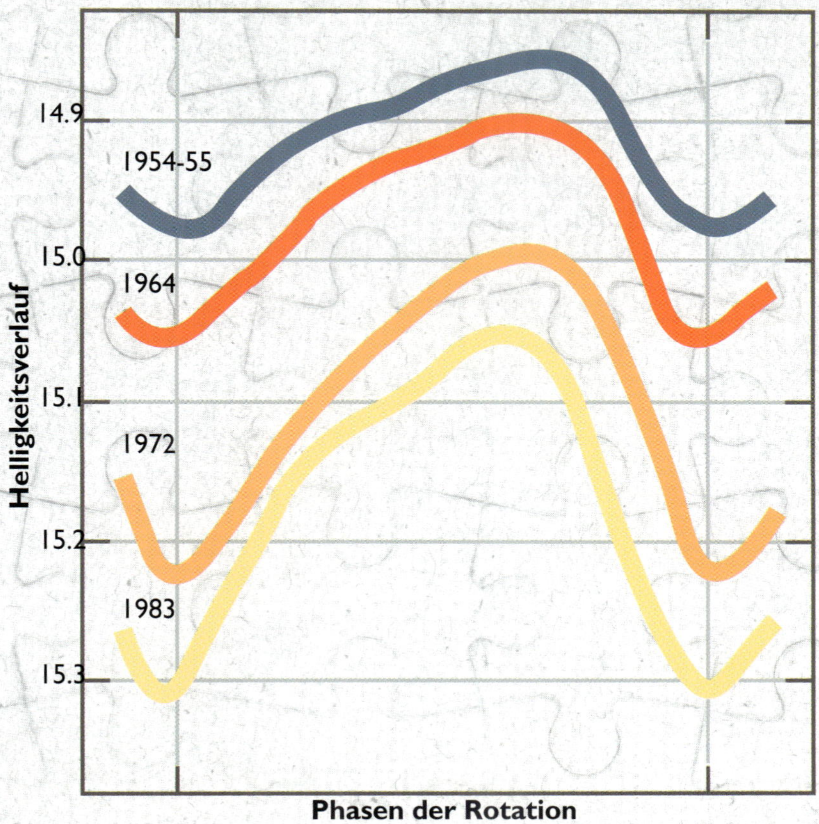


**Hinweis auf ausgeprägte Oberflächenstruktur des Pluto aus dem Helligkeitsverlauf während mehrerer Rotationen.**

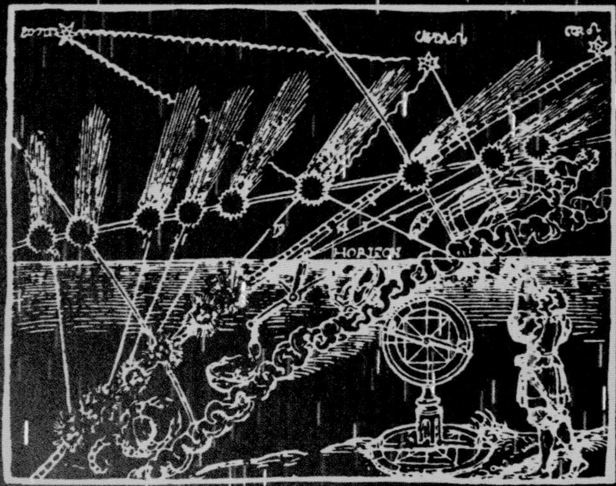


# Kometen

## Brösel der Schöpfung

In der Kosmologie des Mittelalters war die Erde das Zentrum des Universums. Und das Uhrwerk von Sonne, Mond, Planeten und Sternen, die täglich majestätisch über den Himmel zogen, wurde von Engeln kontrolliert. Die Kometen stellte man sich nahe der Erde vor – als unerhörte Abweichung von dieser Harmonie und als Teufelszeug.

Aristoteles und Ptolemäus hielten Kometen noch für atmosphärische Ausdünstungen. Im Jahre 1832 wurde in Wien eine wissenschaftliche Arbeit veröffentlicht, die eine "Chronik der Seuchen" mit dem "Verzeichnis aller bisher berechneten Kometenbahnen" von Olbers verglich. Selbstverständlich wurde ein Zusammenhang zwischen Aufflammen der Seuchen und dem Auftauchen diverser Kometen festgestellt. So zweifelhaft wie ihr Ruf, so unklar ist ihre Herkunft.

**Brösel der Schöpfung?** Wir haben uns in unserem Planetensystem vom Zentrum unserer Sonne bis zum äußersten Planeten vorgearbeitet. Jenseits von Pluto stoßen wir auf die sogenannten *Eiskörperpopulationen*, die nach heutigen Vorstellungen in zwanzigtausendfachem Sonne-Erde-Abstand in eine christbaumkugelförmige Wolkenstruktur übergehen, die *Oortsche Wolke*.

**Spektakuläre Himmelserscheinung : Komet Hyakutake im März 1996.**

Gesamtdarstellung eines Kometen mit seinem Staub- und Plasmaschweif.

Kometen werden als Überbleibsel des Planetenbildungsprozesses betrachtet, bei dem sich aus einer rotierenden Gas-Staub-Scheibe Planetenkörper gebildet haben sollen. Man versteht sie als vergessene Brocken am Rande unseres Planetensystems. In den äußeren Räumen unseres Systems, dem planetaren Tiefkühlschrank, sollen sie die Urbestandteile der Schöpfung erhalten haben. Das macht die Kometen heute für die Kosmologen so interessant.

**Köpfe und Schweife.** Kometenkörper haben typischerweise eine Ausdehnung von zehn Kilometern. Sie sind flüchtige Objekte, die sich nach etwa 100 selbstzerstörerischen Vorbeiflügen an der Sonne in rund 10 000 Jahren in Gas, Staub und Gesteinsbrocken auflösen. Damit man auch in einem Jahrmilliarden alten Sonnensystem noch Kometen vorfindet, bedarf es einer von Theoretikern geforderten riesigen Vorratskammer, die uns wie eine Kugelschale umgibt, unerreichbar und unbeobachtbar: die Oortsche Wolke. Gelegentlich soll von dort ein Objekt zielgenau auf die Reise ins Zentrum des Sonnensystems geschickt werden.

In der Wärme des inneren Sonnensystems gibt ein sogenannter *schmutziger Schneeball* Wolken von Dampf und Staub ab, die den leuchtenden Kopf bilden und dann in den einige zehn Millionen Kilometer großen Schweif abströmen. Die durch diesen Verlustprozeß erzeugte Himmelsverschmutzung in Form von freigesetzten Staubteilchen können dann später die Erde als Mikrometeoriten treffen. Die Erde sammelt im Laufe eines Jahres etwa 10 000 Tonnen Staubmaterie auf.[19]

In der Hochatmosphäre der Erde aufgesammeltes Staubteilchen, das man wegen seiner Struktur und seiner chemischen Bestandteile für ein Kometenteilchen hält.

Das wohl bisher spektakulärste Kometenereignis war 1986 die Wiederkehr des Halleyschen Kometen, der man mit einer internationalen Armada von sechs Raumsonden begegnete. Hier entstand mit Hilfe der europäischen Raumsonde Giotto die erste Aufnahme eines Kometenkerns. Eine weitere Überraschung war die Entdeckung organischer Moleküle in den vielen kleinen Staubteilchen des Kometen.

Es kommt vor, daß Kometen, die zu nahe an die Sonne herankommen, buchstäblich in sie hineinfallen. Kameras auf erdumlaufenden Satelliten haben solche Vorgänge fotografiert.

Erste Aufnahme eines Kometenkerns: Die Kamera an Bord der europäischen Raumsonde Giotto erkennt den Kern des Kometen Halley.

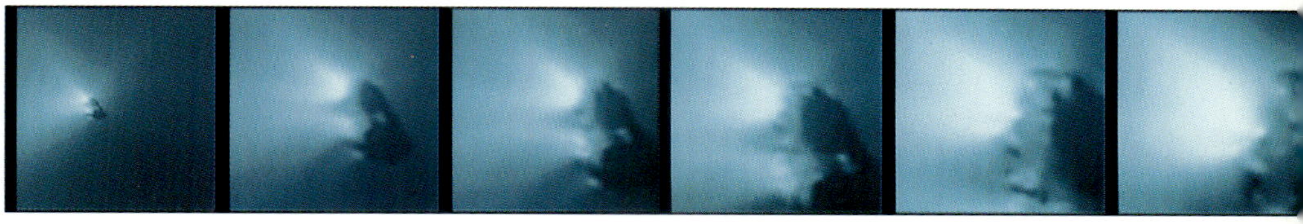

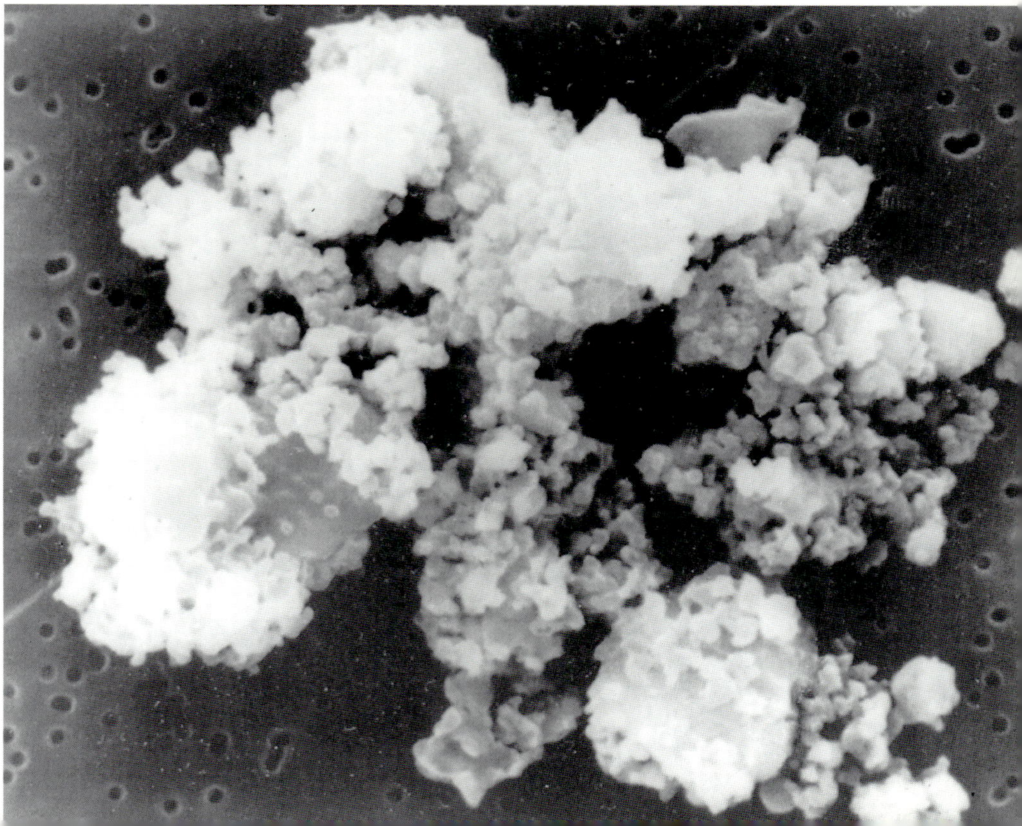

# Kometen
## Brösel der Schöpfung



**Von Halley zu Hale-Bopp.** Wir leben offenbar in einer kometenreichen Zeit, und die Sterngucker freuen sich. Die beiden letzten Kometen Hyakutake und Hale-Bopp waren so hell und beeindruckend am Himmel plaziert, daß selbst der flüchtige Blick an ihnen hängenblieb. Die Weltraumforscher erwarteten sie mit ihrem ganzen Arsenal von Untersuchungsmethoden.

**Das gleißende Licht der Sonne wurde mit einer runden Scheibe abgedeckt, um das schwächere Leuchten des Kometenschweifes sichtbar zu machen. Der angedeutete Kreis stellt die Größe der Sonne dar, während die hellen Felder rechts und links Folgen eines Sonnenausbruchs sind.**

Kometen bieten aber nicht nur die Chance für interessante Messungen, sondern stellen auch Gefahren dar. Durch ihr plötzliches Auftauchen haben sie immer beides gleichzeitig ausgelöst: Furcht und Faszination. Sie wurden als Unheilbringer und als 'Zuchtruten Gottes' verstanden. Das jähe Ende des Kometen Shoemaker-Levi, der im Juli 1994 auf Jupiter stürzte (siehe Seite 55), hat nicht nur die Astronomen sehr eindrucksvoll daran erinnert, daß uns, wenn schon nicht der ganze Himmel, so doch Teile desselben auf den Kopf fallen können. So wird das schnelle Aussterben der Dinosaurier mit zunehmender Berechtigung mit einem Einschlagsvorgang und dem Krater bei Chicxulub auf der Halbinsel Yukatan in Mexiko zusammengebracht (siehe Seite 81).

**Ausdünstungen von Sümpfen und Höhlen?** Vor mehr als 2 300 Jahren hatte Aristoteles den Kometen sozusagen ihre Zugehörigkeit zum Himmel verweigert: Sie paßten mit ihrem chaotischen Verhalten nicht in das Bild von der himmlischen Harmonie und dem uhrwerksmäßigen Ablauf des Himmelsgeschehens. Aristoteles siedelte sie statt dessen in den höchsten Schichten der irdischen Lufthülle an. Für ihn waren sie Ausdünstungen der Erde, die aus Sumpfgebieten und Höhlen aufstiegen und schließlich von der Sonne entzündet wurden. Aristoteles wurde von der Nachwelt eine so große Autorität zugedacht, daß seine Ansichten über die Natur der Kometen nahezu zwei Jahrtausende als unfehlbar galten. Die Revolution gegen Aristoteles begann erst im 16. Jahrhundert mit dem Astronomen Tycho Brahe, den Johannes Kepler als Reformator der Astronomie bezeichnete.

**Kometenfieber.** Der neue Komet wurde am 30. Januar 1996 jenseits der Marsbahn durch den Amateur-Astronomen Yuji Hyakutake entdeckt. Der Komet hat auf seinem Weg zur Sonne ordentlich an Helligkeit zugelegt, so daß er rekordverdächtig erschien. Wegen des teilweise unberechenbaren Verhaltens von Kometen hat man sich mit reißerischen Prognosen zurückgehalten. Am 25. März 1996 ist er in einer nahezu mondlosen Nacht in einem Abstand von rund 15 Millionen Kilometer mit einem grandiosen Schauspiel an der Erde vorbeigeglitten. Am 1. Mai flog er durch seinen sonnennächsten Punkt. Da Hyakutake aufgrund seiner Bahndaten kein neuer Komet aus den Bereichen weit jenseits von Pluto ist, konnte man seinen letzten Vorbeiflug an der Sonne auf eine Zeit vor rund 10 000 Jahren abschätzen.

**Spielball der Sonne.** Mit dem Sonnenobservatorium Soho der europäischen Raumfahrtbehörde ESA konnte man den Kometen in Sonnennähe zusammen mit dem Ablösen von riesigen Plasma-Blasen beobachten. Der Komet diente dabei als eine Art Sonde, indem das Verhalten des Schweifes in der brodelnden Umgebung der Sonne beobachtet wurde.

**Der Komet Hyakutake vor dem Sternenhintergrund. Die punktförmigen Sterne sind durch die Langzeitbelichtung als Striche abgebildet (links).**

# Kometen

## Brösel der Schöpfung



**Damit hat niemand gerechnet.** Am 27. März 1996 machte der deutsche Röntgensatellit Rosat bei seinem 32 000. Umlauf um die Erde eine außergewöhnliche Entdeckung: Zum ersten Mal ist es den Astrophysikern gelungen, bei einem Kometen die Freisetzung von Röntgenstrahlen nachzuweisen.

Eigentlich sieht Rosat im Weltraum vor allem Objekte, die mindestens eine Million Grad heiß sind und deshalb Röntgenstrahlung aussenden. "Um so mehr hat es uns jetzt gewundert, daß auch ein Komet, also ein schmutziger Eisblock mit seiner umgebenden kalten Wolke aus Gas und Staub, Röntgenstrahlung erzeugen kann", stellte der wissenschaftliche Leiter des Rosat-Projekts Joachim Trümper, Direktor am Max-Planck-Institut für extraterrestrische Physik in Garching, fest. Die Stärke der Röntgensignale und die Schwankungen ihrer Intensität waren sehr überraschend, denn letztlich war es keinesfalls sicher, ob im Bereich des Röntgenlichts überhaupt etwas zu sehen wäre.

**Ein unvorhergesehener Eingriff.** Dennoch hat man beschlossen, kurzfristig das Rosat-Beobachtungsprogramm zu ändern, was ein schwieriges Unternehmen war: Der Komet Hyakutake bewegte sich nämlich mit ungefähr einem Grad (entsprechend zwei Vollmonddurchmessern) pro Stunde sehr rasch über den Himmel. Für die Beobachtung

**Draufsicht der vier getesteten Spiegelschalen des Rosat-Röntgenteleskops.**

**Seitenansicht des fertigen Spiegelmoduls vor dem Einbau.**

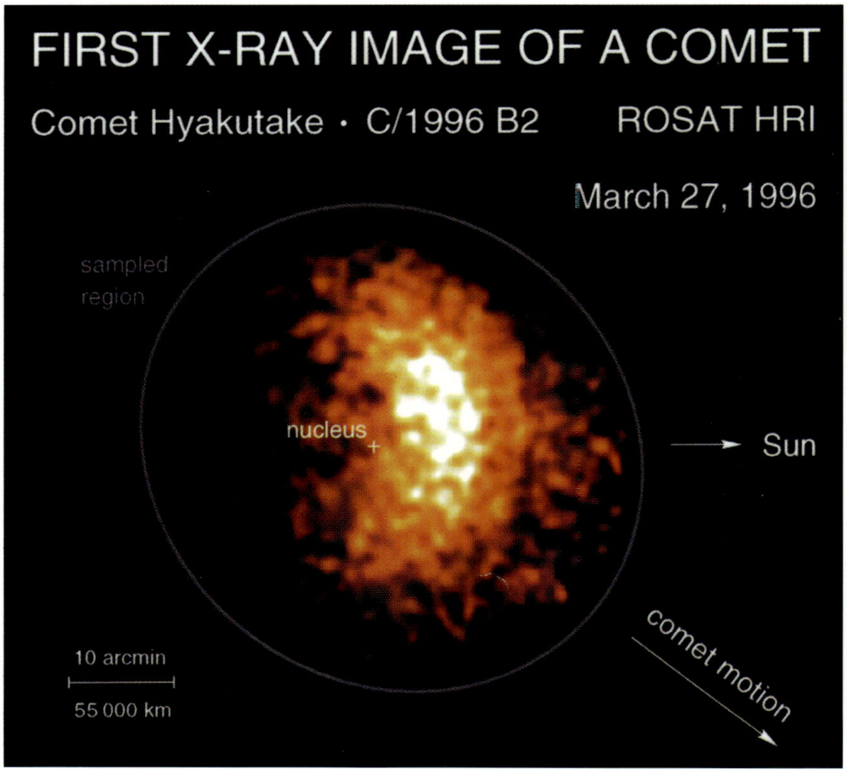


**Ergebnis der ersten Kometenbeobachtung durch Rosat: Ein sichelförmiges Strahlungsgebiet der den Kometenkern umgebenden Gaswolke leuchtet im Röntgenlicht. Der Kreis deutet das Gesichtsfeld des Teleskops an.**

von solch schnellen Objekten war Rosat nicht konzipiert worden. Außerdem war ungewiß, wie die Sternkamera, die dem Satelliten die für seine Orientierung notwendigen Informationen anhand angepeilter Sterne liefert, reagieren würde, wenn ihr mit dem Kometen plötzlich ein sehr helles Objekt "mitten ins Gesicht" scheint. Es besteht dann die Gefahr, daß Rosat sich zu seiner eigenen Sicherheit automatisch abschaltet und sich sozusagen schlafen legt.

Deshalb beschlossen die Wissenschaftler, Hyakutake nur dann ins Visier zu nehmen, wenn Rosat ihn in einer Position über seiner Bodenempfangsstation in Weilheim in Oberbayern beobachten könne und direkter Kontakt mit dem Satelliten besteht. Das ist gewöhnlich für eine Zeit von zehn Minuten gegeben. In dieser Zeit können Daten simultan in "real time" am Bildschirm verfolgt werden, um notfalls eingreifen zu können. Es mußte also alles recht schnell geschehen.

So war es denn ein Glücksfall, daß Rosat den Kometen beobachten konnte. Denn seine starr angeordneten Solarzellenflächen müssen ständig auf die Sonne ausgerichtet sein, damit der Röntgenspäher die für seine Arbeit notwendige elektrische Energie erhält. Dadurch kann Rosat immer nur einen bestimmten Teil des Himmels anschauen – und genau in diesem Bereich hielt sich der Komet kurz nach seiner größten Annäherung an die Erde tatsächlich auf.

**Das Rosat-Röntgenteleskop vor der Integration in den Satelliten.**

Das Ergebnis zeigt ein sichelförmiges Strahlungsgebiet, das eindeutig zur Sonne hin orientiert ist, so daß nicht der Kometenkern, sondern die ihn umgebende Gaswolke im Röntgenlicht leuchtet. Nach ersten Abschätzungen regt darin die von der Sonne kommende natürliche Röntgenstrahlung vor allem die vom Kometenkern abdampfenden Wassermoleküle zum *Fluoreszieren* an. Ob diese Vorstellung richtig ist oder ob die Röntgenstrahlung durch die Wechselwirkung mit dem Sonnenwind erzeugt wird, müssen genauere Untersuchungen zeigen.

# Kometen

## Brösel der Schöpfung



**Hale-Bopp – der Überraschungskomet.** Dieser Komet wurde am 23. Juli 1995 von Allen Hale aus New Mexiko und Thomas Bopp aus Arizona entdeckt, als sie unabhängig voneinander Nachtbeobachtungen im Sternbild Sagittarius durchführten. Zu Galileis Zeiten war Hale-Bopp bereits im Anflug auf die Erde und wurde nun im Raum zwischen Saturn und Jupiter entdeckt, also ungewöhnlich weit von der Erde entfernt. Das lag an seiner auffallenden Helligkeit, die zweierlei bedeuten konnte: Entweder hat der Komet einen Helligkeitsausbruch gezeigt oder es handelt sich um einen außergewöhnlich großen Kometenkern. Letzteres hat sich bestätigt. Um es im Vergleich anschaulich zu machen: Es bedarf 125 Halley-Kometen, um die Masse von Hale-Bopp aufzuwiegen. Für den gelegentlichen Himmelsbeobachter war er der auffallendste Komet seit 600 Jahren.

***"Papa, es sieht ja aus, als ob der Himmel brennt!"***

Mein Sohn Oliver, 12 Jahre, unter dem Eindruck des gewaltigsten Himmelsereignisses, das wir beide je gesehen haben.

Während seiner größten Nähe zu uns hat sich sein mächtiger Schweif über 15 Grad am Nachthimmel ausgebreitet, was einer Länge von rund 100 Millionen Kilometern entspricht. So haben zwei Kometenereignisse nicht nur die Weltraumforscher in Atem gehalten, sondern die Menschheit rund um den Globus mobilisiert. Und ich habe bisher noch niemanden gesprochen, der sich diesem beeindruckenden Schauspiel am Nachthimmel hat entziehen können.

**Ein Komet und mehrere Schweife.** Mit dem gelblichen Staubschweif und dem bläulich-leuchtenden Plasmaschweif geladener Teilchen eines Kometen sind wir bereits vertraut. Nun hat man vom Observatorio del Roque de los Muchachos auf den Kanarischen Inseln aus bei Beobachtungen mit entsprechenden Filtern einen weiteren Schweif entdeckt, der aus neutralem Natrium besteht. Erste Beobachtungen haben gezeigt, daß das "Schweifgeschehen" eines Hale-Bopp wesentlich komplexer sei, als man bisher angenommen hat. Als Quelle für das Natrium werden Staubteilchen angesehen, die es durch Verdampfen oder durch die Einwirkung ultravioletter Sonnenstrahlen freigesetzt haben.

Hale-Bopp wird mit Sicherheit der am meisten fotografierte Komet sein; es hat Unmengen von Helligkeitsabschätzungen und Schweifsichtungen gegeben, aber auch tausend neue Fragen. Das alles aber war nichts gegen die unmittelbare Gegenwart eines solchen Objekts am Nachthimmel. Angesichts unserer Winzigkeit unter diesem gewaltigen Schweifstern konnte man nur eines: schweigen und staunen.

**Der Komet Hale-Bopp war jenseits des Tageslichts mit seinen Schweifen über Wochen dominantes Objekt am Himmel.**

**Hale-Bopp zeigt seine Details bei nachgeführter Kamera.**

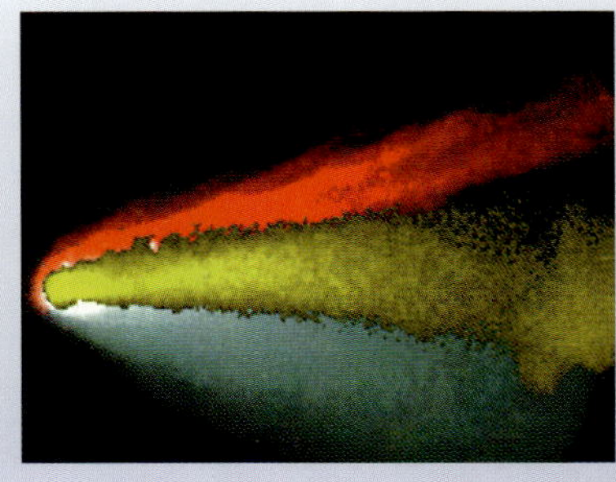

**Zum ersten Mal wurde bei einem Kometen ein dritter Schweif aus Natrium entdeckt. Das Bild ist eine Komposition von drei mit unterschiedlichen Filtern erzeugten Aufnahmen.**

# Erde

## Kleinod unter den Planeten

Unsere Erde ist ein seltsamer Ort: eine Kugel aus glutflüssigem, eisenhaltigem Magma mit einer erstarrten Kruste, die in einen hauchdünnen Gaskokon gehüllt ist – die Atmosphäre. Der blaue Planet hat eine Schwerkraft, die gerade so groß ist, um die Moleküle des Wassers und der Atmosphärengase Stickstoff und Sauerstoff festzuhalten; und die Erde umkreist just in einem nahezu gleichen Abstand die Sonne, wodurch an der Oberfläche eine Durchschnittstemperatur von rund 15° Celsius erreicht wird. Nach biologischen und biochemischen Erkenntnissen ist der Bereich von 0 bis 40° Celsius gerade die enge Spanne, die für die Erhaltung des Lebens optimal ist. Venus und Mars sind der Erde im Aufbau zum Verwechseln ähnlich. Doch, um darauf zu leben, taugen sie nicht.

Erst die Ergebnisse moderner naturwissenschaftlicher Erkenntnis haben das unglaublich ausgewogene Zusammenspiel physikalischer, chemischer und astronomischer Bedingungen auf unserem Heimatplaneten verdeutlicht. Deshalb können die günstigen Lebensbedingungen nicht nur an einigen astronomischen Basisgrößen festgemacht werden, obwohl schon jede für sich genommen die Erde als einzigartig erscheinen läßt. Um so bemerkenswerter ist es, daß die Kombinationen aller dieser Details auf unserem Planeten zusammenkommen.

Würde die Erde auf einer etwas engeren Bahn die Sonne umkreisen, wäre deren Einstrahlung größer. Es wäre wärmer, und es würde mehr Wasser aus den Ozeanen verdunsten. Die Luft enthielte mehr Wasserdampf, der Wärmestrahlung nur schlecht nach außen läßt. Die Erde würde zum Treibhaus werden. Ein größerer Abstand würde eine Abkühlung auslösen. Die Polkappen würden sich vergrößern, würden noch mehr Sonnenlicht ungenutzt in den Weltraum zurückwerfen; die Erde würde vereisen.

**Das Raumgebiet der Magnetosphäre.** Das Magnetfeld der Erde und ihre dichte Atmosphäre sind die Auslöser für eine ausgedehnte Erdmagnetosphäre, welche den weiteren Erdraum schützend umgibt, während sie mit Überschallgeschwindigkeit durch den Sonnenwind – einen von der Sonne freigesetzten Teilchenstrom – rast.

Seit die Chinesen im 2. Jahrhundert den Kompaß erfunden haben, ist bekannt, daß die Erde ein Magnetfeld hat. Wir können es nicht sehen. Auch die in ihm gefangenen Teilchen bemerken wir nicht. Aber Magnetometer und Teilchenzähler enthüllen uns diese unsichtbaren Strukturen. Es ist eine vielfältige Welt, für die uns keine Sinne gewachsen sind. Wir können sie nur über Meßinstrumente erfassen. Aber das Magnetfeld der Erde ist nicht nur hilfreich für die Navigation; es lenkt auch den schädlichen Teilchenstrahl, der als Sonnenwind bezeichnet wird, effektiv von der Erde weg. Es stellt sich dem Sonnenwind wie ein riesiger Schutzschild entgegen.

In Erdnähe hat das Magnetfeld die Form eines magnetischen Dipols. Doch schon in einigen Erdradien Entfernung ändert sich dessen Gestalt zu einer schweifartigen Struktur: Auf der sonnenzugewandten Seite wird es von Sonnenwind zusammengedrückt und hat eine Ausdehnung von nur etwa 70 000 Kilometer. Auf der Nachtseite reicht der Magnetfeldschweif sieben Millionen Kilometer in den Interplanetaren Raum hinaus.

Das Raumgebiet der Magnetosphäre, das von einer Armada von Raumsonden untersucht wird. Im Bild sind die vier Clustersonden der europäischen Raumfahrtbehörde ESA. Leider sind sie während des Starts (Qualifikationsflug der Rakete) zerstört worden.

Der Schutzschild der Magnetosphäre wird unterstützt durch die schützende Wirkung der Atmosphäre. Ihre Dichte ist so abgestimmt, daß ein effektiver Schutz gegen hochenergetische, tödlich wirkende Strahlung von Ultraviolett- über Röntgen- bis hin zur Gammastrahlung gewährleistet ist. Auch schützt sie vor dem ständigen Bombardement durch Meteoriten, die je nach Größe und Beschaffenheit während ihres Fluges durch die Atmosphäre zerstört, zerkleinert oder abgelenkt werden können. Letztlich wirkt die Atmosphäre wohltuend ausgleichend auf die sich ausbildenden Tag- und Nachttemperaturen und ist notwendig für die Wettermaschine der Erde.

# Erde

## Kleinod unter den Planeten



**Der Wasserplanet.** Wasser ist eine unbedingt notwendige Voraussetzung für den Erhalt des Lebens. Wir finden es deshalb nicht nur dort, wo Ozeane und Meere sind, sondern überall. Im Vergleich zu den Sandsteppen des Mars oder den Steinwüsten des Mondes ist selbst noch die Sahara ein nasser Schwamm. Wasser finden wir an jedem Punkt der Erde. Die Wolken bringen es mal da, mal dort hin. Mal regnet es, mal schneit es; sogar in den Wüsten fällt Tau.

Auf der Erde befinden sich insgesamt 1,4 Milliarden Kubikkilometer Wasser in einem unaufhörlichen Kreislauf. Der Anteil des Wassers in der Atmosphäre beträgt weniger als ein Hunderttausendstel des Gesamtwasservorrats, ist aber für das Klima und damit für das Leben von grundlegender Bedeutung. Jene 13 000 Kubikkilometer Wasser in der Atmosphäre sind als Wasserdampf vorhanden und würden – auf die 510 Millionen Quadratkilometer Erdoberfläche verteilt – eine Wasserhöhe von nur 25 Millimetern ergeben. Da die mittlere Niederschlagsmenge bei 970 Millimetern liegt, bedeutet dies, daß das atmosphärische Wasser jährlich etwa dreißigmal ausgetauscht wird. [20] Damit ja nichts von dem kostbaren Naß verlorengeht, gibt es eine Art Wasserdampfsperre: Im Bereich von fünf bis 20 Kilometern Höhe gefriert der Wasserdampf in Form von Eiskristallen aus. Sie sinken infolge der Schwerkraft ab. Auf diese Weise wird geradezu blockadeartig das Abdampfen von Wasser in den Weltraum verhindert, und wir erhalten einen wohltemperierten, lebensfreundlichen Wasserplaneten, der aber zunehmend von dem bedroht wird, für den er gemacht wurde.

**Bedrohung durch den Menschen.** Wie einzigartig und gleichzeitig empfindlich unser "System Erde" ist, hat uns nicht zuletzt die Entdeckung des Ozonlochs gezeigt: Mit FCKW-betriebenen Sprühdosen haben wir die uns vor Ultraviolett-Licht schützende Schicht teilweise so ausgedünnt, daß hochenergetische Strahlen das Leben auf der Erde gefährden. Würde man gedanklich das gesamte Ozon der Atmosphäre unter normalem Luftdruck auf die Erdoberfläche legen, wäre die Schicht nur einige Millimeter dick.

Der Mensch ist dabei, auch durch den Einsatz fossiler Brennstoffe die Lufthülle der Erde umzugestalten. Der Kohlendioxidgehalt der Atmosphäre ist durch die Industrialisierung in den Jahren 1790 bis 1990 von 0,27 auf 0,35 Promille deutlich gestiegen. Die Erde läuft Gefahr, zum *Treibhaus* zu werden. Aufgrund der Poleisabschmelzung steigt das Meeresniveau ständig an. Die unkontrollierte Abholzung des Regenwaldes als grüne Lunge unserer Erde verändert das Klima. Der Mensch greift als Macher in die Schöpfung ein ... und gefährdet sie zunehmend.

**Brennende Ölfelder in Kuweit während des Golfkrieges.**

Traumhafte Sicht aus Astronautenperspektive auf die Sinaihalbinsel.



***"Daß der Mensch die Welt nicht nur erforscht und dienstbar macht, sondern zerstört, das ist die gnadenlose Folge davon, daß man Gott ausgestrichen hat. Dadurch erst wird die Welt zum Material für das, was der Mensch für sich daraus machen will."***

Siegfried Kettling, Theologe

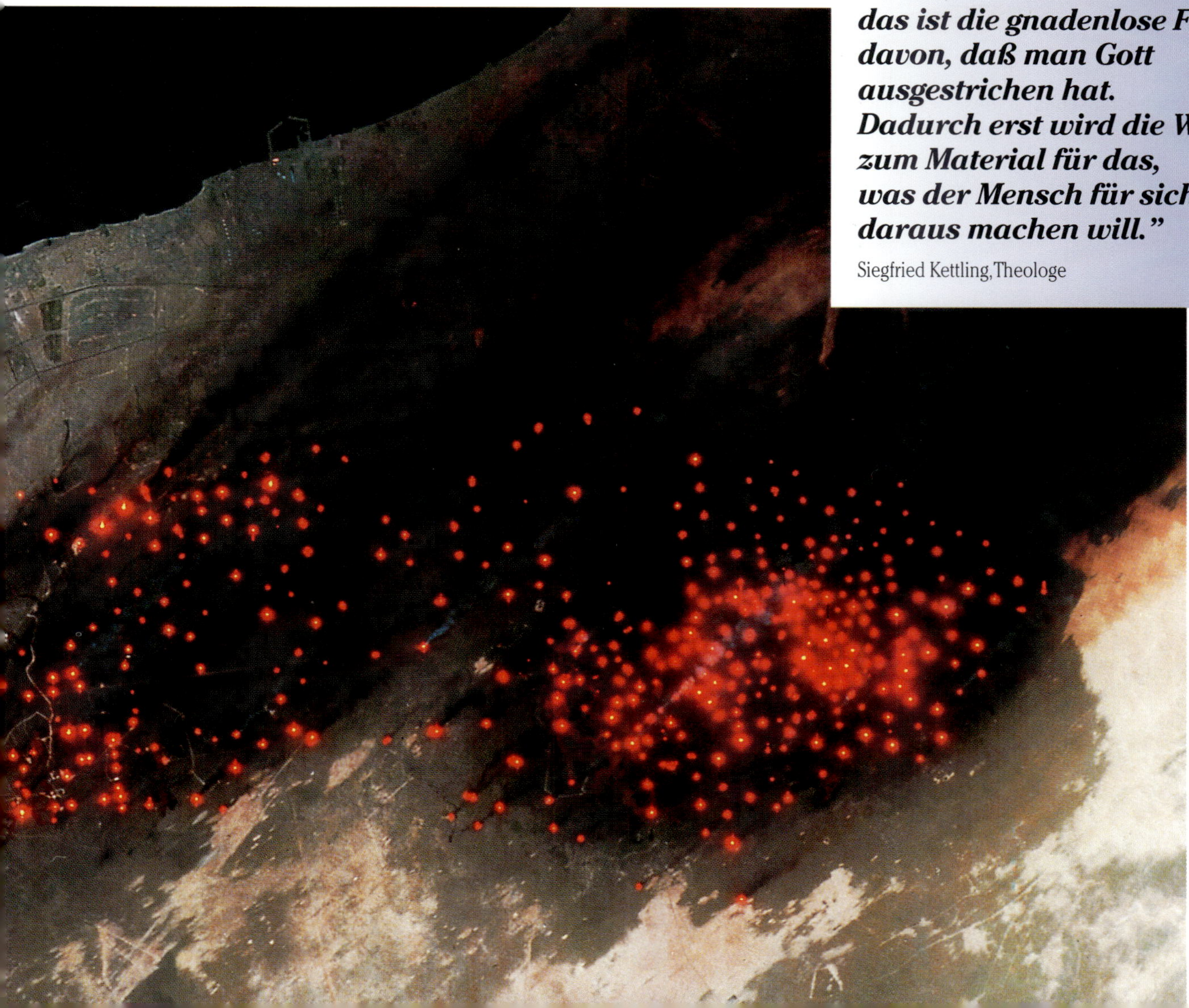

# Erde

## Kleinod unter den Planeten



**Stoff aus dem All.** Unsre Erde bewegt sich nicht in einem leeren Raum. Neben dem Medium des Sonnenwinds gibt es typischerweise mikrometer- bis zentimetergroße Körper, die mit 15 Kilometern pro Sekunde mit der Erde zusammentreffen. So sammelt die Erde im Laufe eines Tages etwa 30 Tonnen Material auf. Man ist heute davon überzeugt, daß sich unter den im Eis der Antarktis gefundenen Brocken auch Gesteinsproben von Mond und Mars befinden.

Kometenhysterie des 18. Jahrhunderts, karikiert von Marcel Lecomte.

Je nach Größe und Abbremswirkung durch die Erdatmosphäre können Einschläge zu einer Katastrophe führen. Im Laufe der Erdgeschichte gab es zahlreiche solche Ereignisse. So hat ein kosmischer Körper im Miozän – nach geologischer Zeitskala vor etwa 15 Millionen Jahren – eine 25 Kilometer große Narbe erzeugt, das Nördlinger Ries. [21] Ein Bruchstück des Eindringlings wird für die Entstehung des sogenannten Steinheimer Beckens verantwortlich gemacht.

Der jüngste auf der Erde gefundene Einschlagskrater in Arizona.

Auswurfmaterial aus diesem katastrophalen Zusammenstoß wurde teilweise über die Atmosphäre hinausgeschleudert und "regnete" in großen Streufeldern wieder aus. In Böhmen fand man die sogenannten Moldavite, das heißt glasartige, durch den Flug durch die Atmosphäre tropfenartig geformte Körper, die der Entstehung des Rieskraters zugeordnet werden.

**Arizona-Krater:** Er war der erste Krater auf der Erde, bei dem man erkannte, daß er einen außerirdischen Ursprung hat. Lange war nicht klar, wie man im Zweifelsfall eine Struktur vulkanischen Ursprungs von der eines Einschlagvorgangs zuverlässig zu unterscheiden hatte.

Die schüsselförmige, etwa 1200 Meter große und 167 Meter tiefe Einsenkung wurde durch einen Meteoriten erzeugt, der immerhin 150 000 Tonnen gewogen haben soll. Einen gewissen Eindruck von der Gewalt des Einschlags gibt uns die Tatsache, daß man erst in einer Tiefe von 185 Metern auf ungestörte Gesteinsschichten stieß.

**Tunguska-Ereignis.** Für das mysteriöse Ereignis 1908 in Sibirien, bei dem ein unbekannter Körper mit grel-

**Die fatalen Folgen der Druckwellen eines außerirdischen Körpers in Tunguska.**

lem Feuerschein eine Schneise der Verwüstung zurückließ, wird heute ein 30 Meter großer Steinmeteorit verantwortlich gemacht.[22] Er soll in einer Höhe von zehn Kilometern explodiert sein, während die ungeheure Druckwelle die Zerstörungen ausgelöst hat, die wir von Bildern her kennen. Glücklicherweise fand das Ereignis nicht über einem dichtbesiedelten Gebiet statt.

Der fünf bis zehn Kilometer große Komet Swift-Tuttle ist z. B. auf Kollisionskurs mit der Erde. Am 15. Oktober 1992 berichtete das "International Astronomical Union Circular", daß ein Zusammenstoß mit der Erde möglich sei. – Möglich oder wahrscheinlich, das ist noch nicht ganz klar. – Jedenfalls fand das letzte spektakuläre Ereignis einer Begegnung dieser Art am 1. Februar 1994 statt. An diesem Tag verglühte in einer Höhe von 20 Kilometern ein 100 Tonnen schwerer Meteorit südwestlich von Mikronesien.[23]

**Chicxulub: Starben daran die Saurier?** Es wird seit langem spekuliert, ob nicht das massenhafte Aussterben der Dinosaurier am Ende der Kreidezeit wie der Tod der den Sammlern wohlbekannten, rückstoßgetriebenen *Ammoniten* und auch einer Reihe von Landtieren im Zusammenhang mit einem Einschlagereignis zu sehen sein könnte. Zwei Umstände legen diesen Verdacht nahe:

1. Man weiß, daß die Masse ausgeworfenen Materials, das etwa das Hundertfache des einschlagenden Materials ausmachen kann, sich lange in oberen Atmosphärenschichten aufhalten und so zu einer effektiven Abschirmung der wärmenden Sonnenstrahlen über Jahre führen kann. Ein solches Ereignis kann sowohl eine globale Abkühlung als auch eine jahrelange Dunkelheit auslösen.

2. In verschiedenen Tonschichten hat man drastische Anreicherung von Iridium gefunden, für das keine plausible Quelle auf der Erde in Frage kam. Allerdings konnte man bisher keine Einschlagsstruktur auf der Erde zeitlich mit dem globalen Sterben am Ende der Kreidezeit zusammenbringen.

Das scheint sich nun bei Chicxulub – einem Maya-Namen, der Teufelsschwanz bedeutet – zu ändern. Man hat im Golf von Mexiko, nicht weit von der Küste Yucatans, die Struktur eines Einschlagbeckens am Meeresgrund ermittelt. Dieses Einschlagereignis soll zumindest alle wichtigen Randbedingungen erfüllen, um als Auslöser für das Massensterben auf der Erde am Ende der Kreidezeit in Frage zu kommen.

# Der Planet mit dem Kreuz



Daß die Erde ein Planet ist, weiß die Menschheit seit Kopernikus, der zu einer Zeit lebte, als Michelangelo seine Kirchen ausmalte und Kolumbus die Neue Welt entdeckte. Raumsonden haben die Erde als schönste freischwebende Kugel im Raum entdeckt. Dies zu verarbeiten, fällt uns mitunter heute noch schwer: Zu ungewöhnlich erscheint die grünblaue Oase Erde neben den übrigen lebensfeindlichen Planeten, neben dem verkraterten und "heißkalten" Merkur, dem staubigen Mars oder dem eisigen Uranus. Schon der erdnächste Planet, die Venus, ist eine todbringende Wüste.

Nicht nur aus astronomischer Sicht hat die Erde eine Sonderstellung. Nach allem, was wir von der Genesis her verstehen, hat sich Gott nur auf diesem Planeten ein Gegenüber geschaffen und mit der Beherrschung des "Raumschiffes Erde" beauftragt.

Die Erde ist als Raumschiff so komfortabel ausgestattet wie kein anderer Planet. Es rast mit etwa 100 000 Kilometern pro Stunde durch das Sonnensystem. Aber dieses Raumschiff ist nicht mehr in seiner besten Form. Ein Teil der Besatzung ist dabei, die Vorräte an Bord zu plündern, andere basteln am Lebenserhaltungssystem und der Gesamttemperatur herum. Bislang haben sie es leichtfertig verachtet, sich an die Bedienungsanleitung des Erbauers zu halten. Offensichtlich haben sie noch nicht einmal die Zeit gefunden, wenigstens danach zu suchen. Die Besatzung des "Raumschiffs Erde" hat wohl nichts Wichtigeres zu tun, als sich gegenseitig in jeder Ecke grausame Bomben und Scharmützel auszulegen. Der erste Schock wächst zum Trauma aus.

Die Erde ist der einzige Planet, in dessen Oberfläche das Kreuz des Gottessohnes eingerammt wurde. Die Wissenschaftler drücken das durch das astronomische Symbol für die Erde aus, den Erdball mit einem Kreuz. Aus uns rational nicht zugänglichen Gründen konnte nur der Tod eines Schuldlosen das ursprüngliche Beziehungsgeflecht zwischen Schöpfer und Geschöpf wieder zurechtbringen. Er hat bereits ein Programm zur Erneuerung der Erde aufgelegt. Wir beginnen zu ahnen, in welch aufregenden Rahmen er seine Geschöpfe stellt.

***"Für die Neuigkeit von Ostern hat die alte Welt keine Meßinstrumente, nicht einmal rechte Wörter. Wenn 'beweisen' bedeuten soll, Ostern nach den alten Maßstäben zu vermessen, es in alten Kategorien einzufangen, dann wäre eben mit diesem 'Beweis' Ostern beerdigt: Wir hätten das Neue, das unsere Welt aus den Angeln heben will, eingesargt. Die alte Welt hätte damit doch recht bekommen, der Tod hätte das letzte Wort."***

Siegfried Kettling, Theologe

# Ausblick zum Rand



Bläulich schimmernd und von feinen Wölkenbändern umhüllt, zieht der Planet Erde seine Bahn durch ein Universum von unvorstellbarer Weite. In jeder wolkenlosen Nacht zeigt sich über uns ein sternübersäter Kosmos, der die Menschheit seit jeher in seinen Bann gezogen hat. Der Aufbau und die Größe, die Entstehung und das Vergehen des Universums betreffen Grundfragen unseres Seins. Die Astronomen des Mittelalters waren noch davon überzeugt, daß die Erde die Mitte des Weltalls bildet. Erst allmählich setzte sich die ernüchternde Wirklichkeit durch, daß die Erde nur einer von neun Planeten ist, die um die Sonne kreisen und die Sonne selbst nur einer von mehr als zweihundert Milliarden Sternen einer Galaxie, eines durch unsichtbare Stränge der Schwerkraft zusammengehaltenen Sternverbands.

***"Das Universum beginnt, eher einem großen Gedanken zu gleichen als einer großen Maschine."***

Sir James Jeans, Physiker

M
D DER WELT
der Welt

# Milchstraße
## Unsere kosmische Heimat

Könnten wir unser Sternsystem von außen her aus großer Entfernung betrachten, so würden uns die zweihundert Milliarden Sterne unserer Galaxie den Anblick einer runden Scheibe bieten, flach wie ein Pfannkuchen, riesig wie ein Segel. Die Milchstraße ist so groß, daß das Licht fast hunderttausend Jahre braucht, um quer hindurch von einem Rand zum anderen zu gelangen. Bei einem Blick auf die Scheibe fällt ein dichter, heller Kern auf, der aus vielen Millionen in rötlichem Licht leuchtenden, sogenannten alten Sternen, besteht und der nur wenig Gas enthält. Dieser Kern ist umgeben von einer flachen Scheibe aus Sternen verschiedener Farben (unterschiedlichen Alters) und etwa zehn Prozent Gas und Staub. Diese Interstellare Materie und die blauen (jungen) Sterne sind in enggeschwungenen Spiralarmen konzentriert, so daß wir die Struktur eines kosmischen Feuerrads vor uns haben. Alle Sterne bewegen sich um das Zentrum der Scheibe, durch das Spiel von Fliehkraft und Schwerkraft in komplizierte Bahnen gezwungen.

**Ihr Aufbau.** Da wir uns mit unserer Sonne in der Milchstraße befinden, ist die Sonne mit geringem Abstand nach allen Seiten gleichmäßig von Sternen umgeben. Blicken wir jedoch in größere Entfernungen, so werden mit zunehmendem Abstand die Sterne immer seltener. Nur wenn unsere Blickrichtung innerhalb der Ebene der Milchstraße liegt, sehen wir auch in größerer Entfernung noch eine Fülle von Milchstraßensternen. Sie konzentrieren sich auf das helle Band, das über den ganzen Himmel läuft. Nur mit Hilfe von Fernrohren und Satelliten lassen sich individuelle Sterne und Sternhaufen auflösen.

**Ihre Dynamik.** Im Milchstraßensystem vollenden Sterne, Gas und Staub in träger Bewegung im Mittel alle 100 Millionen Jahre einen Umlauf um das Zentrum. Aber die Welt der Sterne ist nicht träge. Viele sind in Doppelsternsystemen aneinander gebunden und bewegen sich innerhalb von Jahren, Tagen oder Stunden umeinander. Andere blähen sich auf und schrumpfen in regelmäßigem Rhythmus, so als würden sie atmen. Von Zeit zu Zeit zerreißt es einen Stern in einer Explosion, die ihn für kurze Zeit so hell strahlen läßt wie alle zweihundert Milliarden Sterne der Milchstraße zusammen. Einige Sterne senden ihr Licht nicht gleichmäßig aus, sondern in Form von Lichtblitzen, einer dem anderen mit hundertstel Sekunden Abstand folgend. Diesem gewaltigen Szenario im Kosmos steht auf dem Planeten Erde eine kleine Gruppe Astronomen und Ingenieure gegenüber. Mit Gerätschaften, die sie aus den Stoffen ihres Planeten gebaut haben, verfolgen sie von Sternwarten aus das Geschehen im Weltall und lassen Teleskope mit Raketen über die störende Atmosphäre der Erde hinaustragen. Der deutsche Röntgensatellit Rosat ist dafür ein jüngstes Beispiel. Mit seinem aufwendig konstruierten Teleskop hat man etwa 100 000 Röntgensterne aufgenommen, die über den ganzen Himmel verteilt sind.

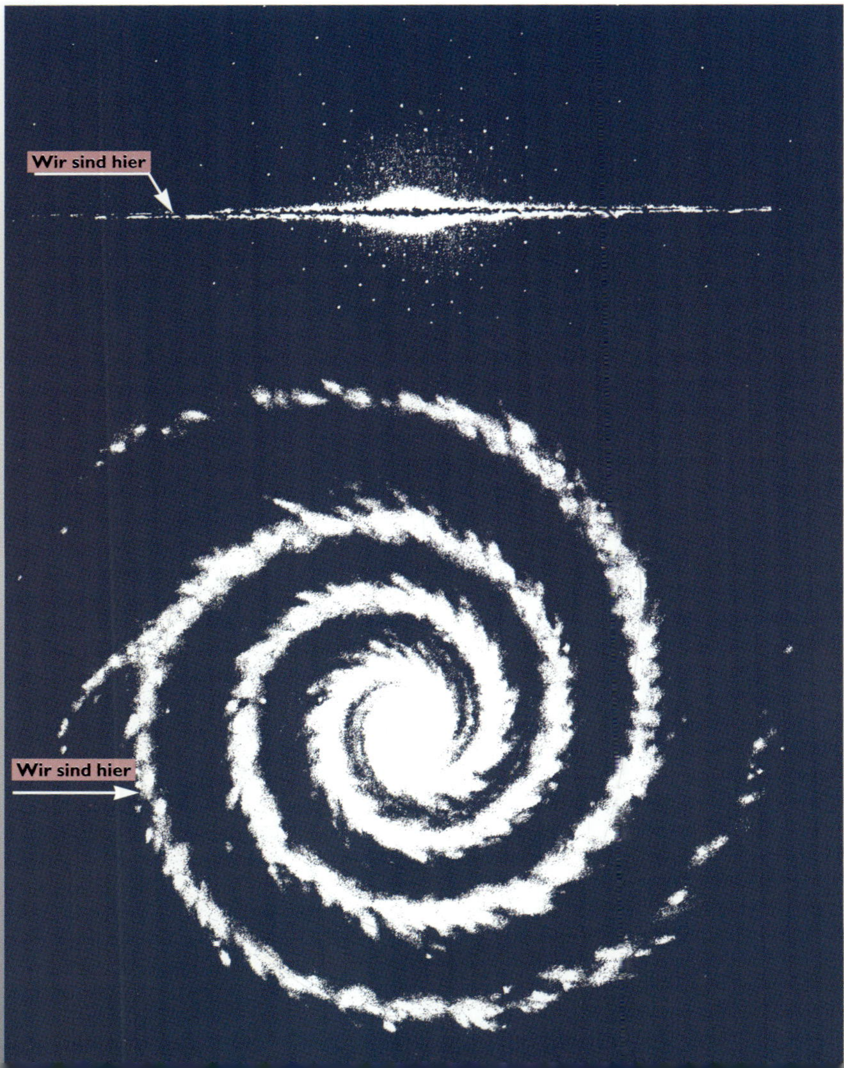


**Ein Feuerrad von kosmischem Ausmaß: schematische Darstellung unserer diskusförmigen Milchstraße.**

**Der deutsche Röntgensatellit Rosat während der Systemtests als Vorbereitung für den Start.**

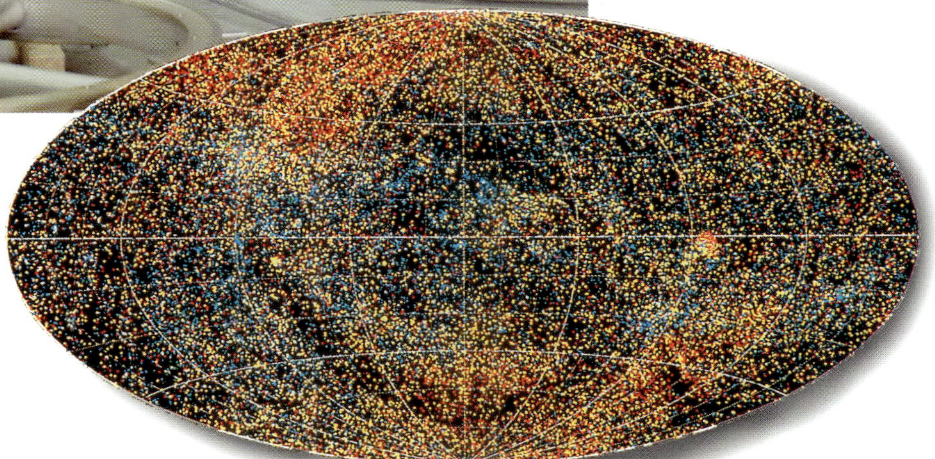

**Darstellung des Röntgenhimmels in galaktischen Koordinaten, wie ihn Rosat gesehen hat.**

# Extrasolare Planeten?



Diese Suche nach Planeten, die sich außerhalb unseres Sonnensystems befinden, sollte sich wesentlich einfacher gestalten als die Suche nach außerirdischem Leben. Dennoch haben Astronomen damit ihre liebe Last. Dies mag daran liegen, daß der Abstand eines möglichen Planeten von seinem hellen Zentralstern – von der Erde aus gesehen – winzig und seine Helligkeit sehr gering ist, so daß er völlig überstrahlt wird. Unsere Erde reflektiert z.B. nur rund ein Zehnmillionstel des Lichtes, das von der Sonne ausgestrahlt wird. Die Astronomen sind daher auf indirekte Methoden angewiesen. Von einem Observatorium in Chile aus haben zwei amerikanische Wissenschaftler den 50 Lichtjahre entfernten Stern β-Pictoris beobachtet. Richard Terrile erinnert sich: "Wir sahen etwas aus dem Stern herausragen, das aussah wie die Enden eines Propellers." [24] Dieser Strahlungsüberschuß könnte, so die Meinung vieler Astronomen, eine Staubscheibe sein, die ein Planetenentstehungsgebiet darstellt. Untersuchungen zeigten, daß das Material Eigenschaften hat, die denen von planetaren Körpern beziehungsweise Kometen entsprechen.

***"Neben das Genie hat Gott als unbarmherzigen Prüfstein den Kollegen gesetzt, ... der allemal gescheit genug sein kann, daß er das falsche Theoriegebäude eines anderen zum Einsturz bringt."***

Hubert Markel, Präsident der Max-Planck-Gesellschaft

"Jetzt kann es keinen Zweifel mehr geben … Ein neues Planetensystem in 1300 Lichtjahren Entfernung wurde entdeckt".[25] Die Fachzeitschrift "Sterne und Weltraum" beginnt ihren Bericht darüber gar mit den Worten: "Es ist vollbracht. Die mehr als 100jährige Suche nach einem Planeten außerhalb des Sonnensystems hat ihr Ziel erreicht."[26] Dies schließt man aus periodischen Schwankungen von Signalen eines *Millisekunden-Pulsars*, die durch Begleiter im Zuge der Bewegung um den gemeinsamen Massenschwerpunkt ausgelöst werden. Allerdings ist ein Pulsar wegen seiner extremen Verhältnisse der letzte Ort, an dem man Planeten vermuten würde.

**Tiefgekühlte Teleskope sind am ehesten geeignet, planetenähnliche Körper nachzuweisen, wie hier das IRAS-Observatorium.**

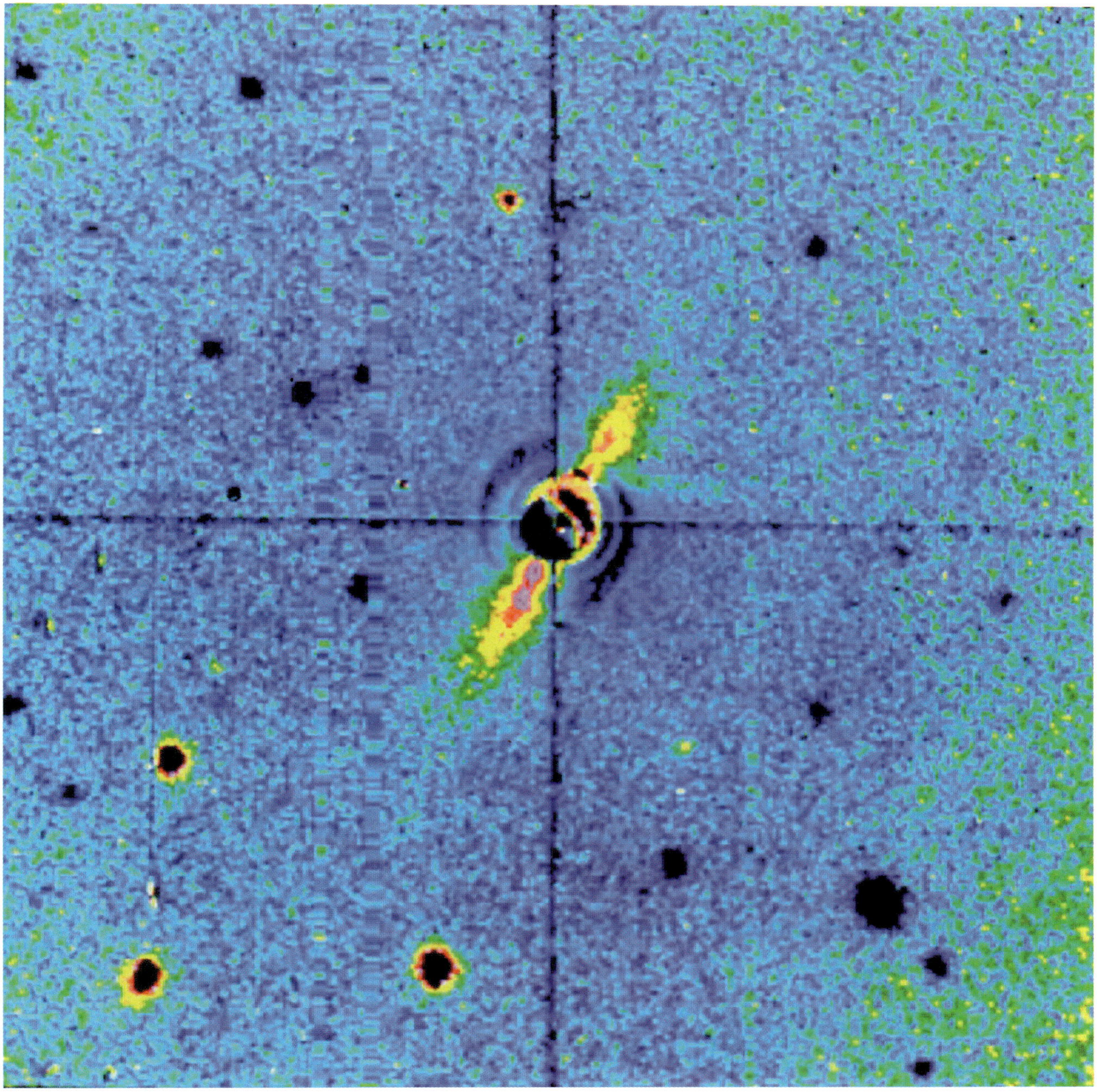

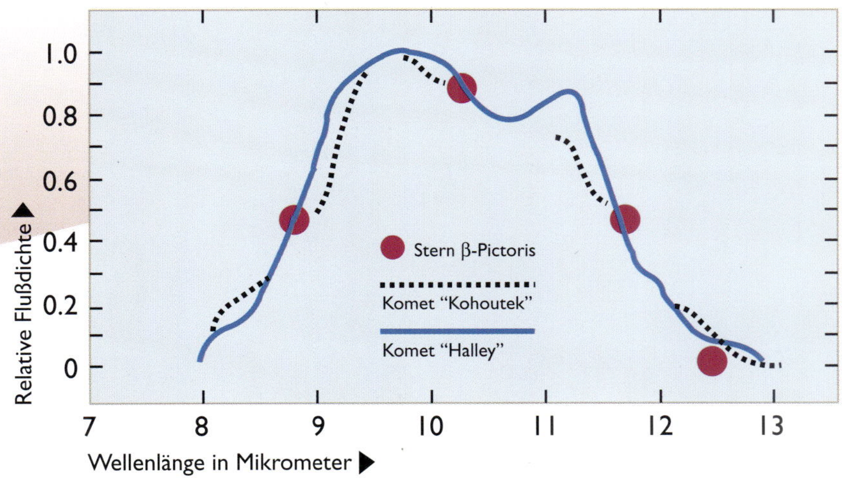


**Der Stern β-Pictoris mit seiner Staubscheibe als verdächtigem Ort für extraterrestrische Planeten.**

**Vergleich der spektralen Eigenschaft unterschiedlicher Objekte.**

# Stern- und Planetenentstehungsgebiete?

Das durchaus kontrovers diskutierte Thema der Stern- und Planetenentstehung hat durch Beobachtungen mit dem Hubble-Weltraumteleskop neuen Auftrieb bekommen. Die Untersuchungen stützen in weiten Teilen theoretische Vorhersagen, auch wenn Einzelheiten offenbleiben müssen.

**Sternentstehung im Adlernest.** In einer relativ kleinen Entfernung von etwa 3 000 Lichtjahren hat man im Adlernebel – so die Meinung von Experten – einen Blick in die Kinderstube der Sternentstehung geworfen. Säulen, die eher an die Stalagmiten einer Tropfsteinhöhle erinnern, sollen am jeweils vorderen Ende der elefantenrüsselähnlichen Gebilde aus Interstellarem Gas und Staub entstehende Sterne beherbergen. Sie werden treffend mit EGGs (Evaporating Gaseous Globules) bezeichnet.

**Elefantenrüssel-ähnliche Teile des Adlernebels, in deren vorderen Enden sich junge Sterne befinden.**

**Spektakulärer Blick auf die vier heißesten und größten Trapezsterne des Orionnebels inmitten einer brodelnden Gasmasse.**

**Die wissenschaftliche Interpretation.** Innerhalb dieser Gas-Staub-Säulen, die eine Ausdehnung von größenordnungsmäßig einem Lichtjahr haben, ist die Dichte so hoch, daß die Materie unter ihrer eigenen Schwerkraft kollabiert und junge Sterne formen kann. Sie können wachsen, indem sie mehr und mehr Material in den Sog ihrer Massenanziehungskraft bringen. Das Hubble-Weltraumteleskop zeigt nun, was passiert, wenn junge Nachbarsterne mit ihrer intensiven Ultraviolettstrahlung die "Oberflächen" der Gassäulen abtragen, was man Photoevaporation nennt. Bilder größerer Auflösung zeigen, daß gelegentlich ganze Felder abgetrennt werden. Allerdings erfolgt das Abtragen der Materie nicht gleichmäßig. Da die EGGs dichter sind als das umgebende Gas, bleiben sie – und alles, was in ihrem Windschatten liegt – stehen.

Der Vorgang wird mit der Erosion in der Wüste verglichen: Während der Wind den leichten Flugsand abträgt, werden vergrabene Steine freigelegt. So beobachtet man in der Nähe junger Sterne freigelegte, tropfenförmige Gebilde höherer Dichte. Sie konnten so lange wachsen, bis sie vom umgebenden Material isoliert wurden. "Was wir hier beobachten, gleicht mehr den Arbeitsweisen der Archäologie als der Astronomie", sagte ein beteiligter Wissenschaftler, "die Ultraviolettstrahlung naher Sterne besorgt das Graben, und wir schauen nach, was freigelegt wurde."

Auch vom Orionnebel kennt man Gebiete, die man der Sternentstehung verdächtigt. Sie machen sich bemerkbar durch helle, bläulich leuchtende Sterne. Allerdings sind hier andere Mechanismen am Werk. Hier geht es um die Sternentstehung innerhalb einer isolierten Gas-Staub-Wolke. Aus Modellen der Sternentstehung folgt, daß mit diesem Prozeß auch die Bildung von Planeten zu verbinden ist.

**Staubscheiben in brodelnder Gasmasse.** Astronomen untersuchten mit dem Hubble-Weltraumteleskop den Orionnebel und seine blauen Sterne, weil er als das größte und aktivste Gebiet der Sternentstehung in der Nähe unserer Sonne gilt. Damit haben wir den besten Einblick in das "Labor für Fragen der Stern- und Planetenbildung". Astronomen verbinden damit die Hoffnung, junge Sterne und deren etwaige Planetenbildung in den umlaufenden Gas-Staub-Scheiben besser zu verstehen. In dem Panorama der Zentralregion des Orionnebels hat man mit Hilfe des Hubble-Weltraumteleskops 110 Sterne genauer untersucht und bei 56 von ihnen leuchtende Gas-Staub-Scheiben ausfindig gemacht, was man als wesentliche Zutaten zur Planetenbildung betrachtet. Da es sicher viel leichter ist, leuchtende Sterne zu erkennen als dunkle Staubscheiben, ist es wahrscheinlich, daß noch mehr Sterne Gas-Staub-Scheiben besitzen. Man hält sie für "Embryos von Planetensystemen".

Das rötliche Glühen im Zentrum der zirkumstellaren Scheiben wird als ein etwa eine Million Jahre alter Stern betrachtet. Seine Masse liegt bei 30 bis 150 Prozent der Masse unserer Sonne. Im Laufe der Zeit – so die Modellvorstellung – bildet sich eine Scheibe aus, da aufgrund der Rotation des Gesamtsystems die Fliehkraft den freien Fall von Materie auf den Zentralstern allmählich verhindert. Es kommt zum Anlagern von Materie durch Sedimentieren im Äquatorbereich des Gebildes. Anschließend sollen sich durch inelastische Stöße Staubteilchen zusammenlagern und Planeten bilden, während das Gas durch stellare Winde allmählich weggeblasen wird. So die grobe Vorstellung.

**Portrait des ersten extraterrestrischen Planeten?** Nun gelang es im November 1995 mit dem Hubble-Weltraumteleskop, das bislang am schwächsten leuchtende Objekt aufzunehmen. Es ist ein jupitergroßer Körper – ein sogenannter *Brauner Zwerg* –, der um den 18 Lichtjahre entfernten Stern Gliese 229 kreist. Diese Aufnahme gilt als der bislang beste Beleg für planetenähnliche Körper um einen anderen Stern.

Allerdings wird erst die genaue Untersuchung der Umlaufbahn mehr Klarheit bezüglich der Natur des neuen Objekts bringen. Wenn auch die chemi-

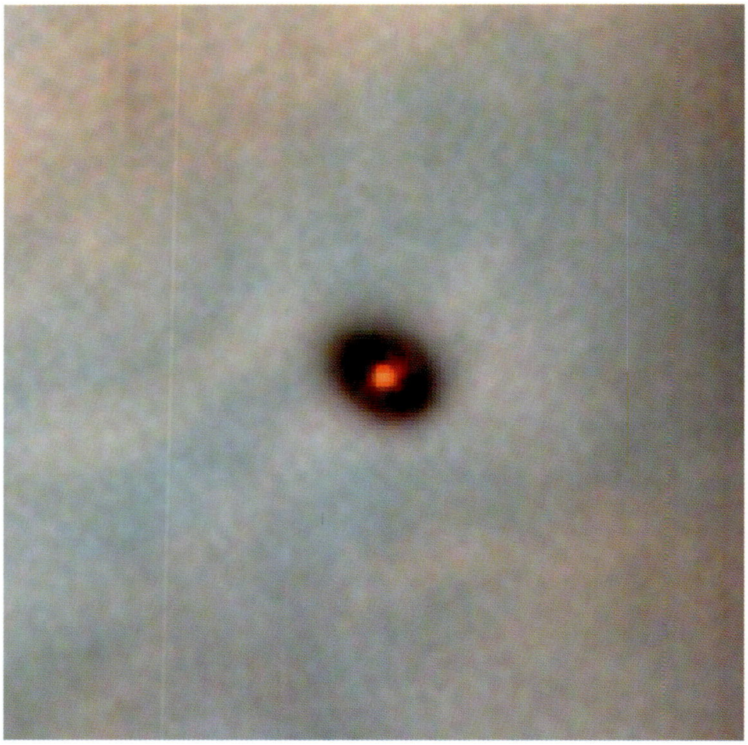

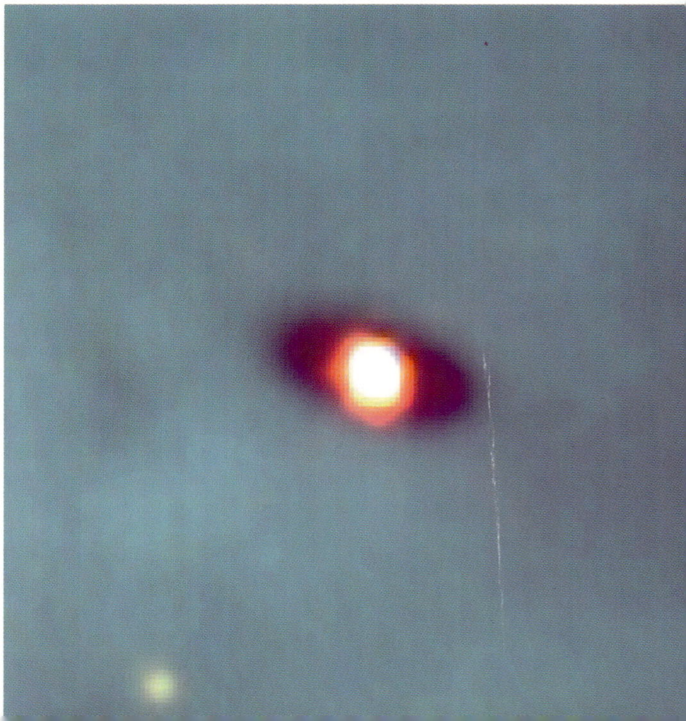

**Zwei von bislang 56 im Orionnebel entdeckten Sternen mit umlaufenden Gas-Staub-Scheiben, die man für embryonale Planetensysteme hält.**

**Kantenansicht einer Gas-Staub-Scheibe im Orionnebel mit ihrem zentralen Stern.**

sche Zusammensetzung seiner Atmosphäre sehr jupiterähnlich ist, erwartet man aus dem Verständnis der Entstehungsmodelle für einen planetenähnlichen Körper eine etwa kreisförmige Bahn. Wegen der relativ langsamen Bewegungen wird dieser Nachweis einige Jahrzehnte dauern.

Wenn es auch Hinweise auf Stern- und Planetenentstehungsgebiete gibt und das erste Portrait eines jupiterähnlichen Objekts vorliegt, so ist es bis heute ein Rätsel, woher die überall beobachtbaren Galaxien kommen. Bei der Vielzahl dieser Objekte muß es verwundern, daß es keine überzeugende Beobachtung von sogenannten Protogalaxien gibt. Ihr Ursprung ist genauso mysteriös wie der der *Quasare*.

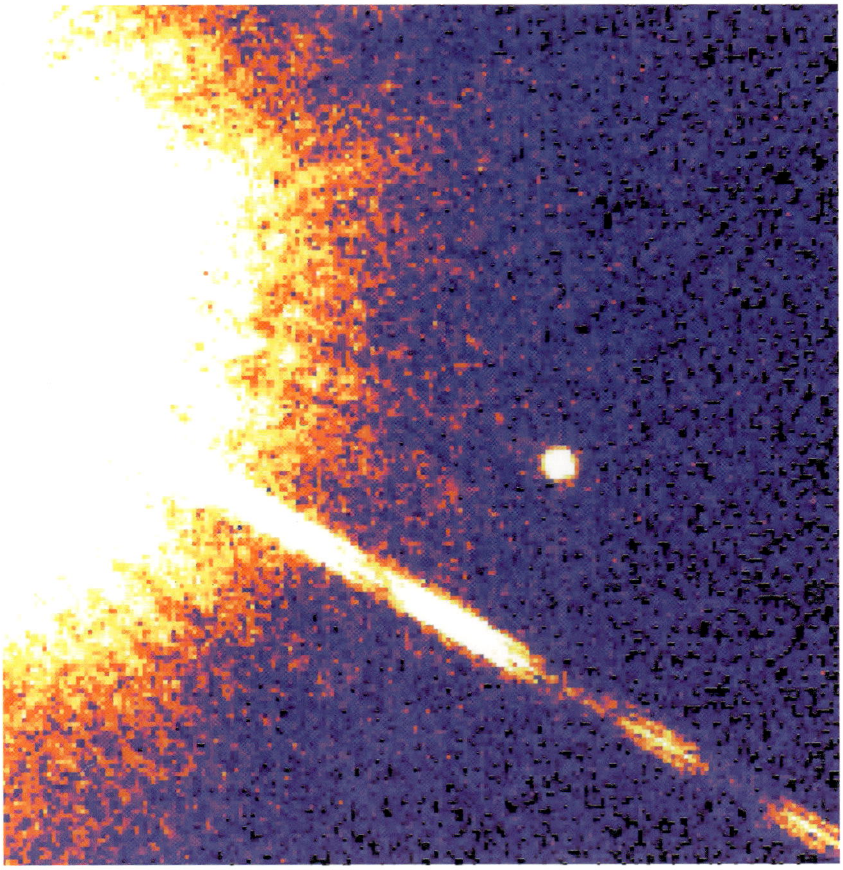

**Erste Aufnahme eines jupitergroßen Objekts, das um den Stern Gliese 229 läuft. Langwierige Vermessungen der Bahnverhältnisse müssen zeigen, ob es sich um eine Art Doppelstern oder einen Planeten handelt.**

# Signale ohne Antwort

## Ist da wer?

Generell sind die Möglichkeiten für die Existenz von Leben auf Planeten oder Monden, so wie es sich der Biologe vorstellt, sehr begrenzt. Die Temperaturen müssen stimmen; Leben braucht eine Atmosphäre und einen Schutz vor energiereicher Strahlung. Die Bahn des Planeten darf nicht langgezogen sein, damit er sich nicht zeitweise zu weit von seiner Sonne entfernt bzw. ihr zu nahe kommt; der Körper sollte nicht zu groß sein, sonst würde die Schwerkraft höhere Lebensformen schlichtweg erdrücken. Kurzum: Leben gibt es nur auf einem Planeten wie der Erde. Wir haben keine dem widersprechende Information, sondern nur Wahrscheinlichkeiten, die entgegengehalten werden. “Weil sich die Außerirdischen weder persönlich noch indirekt bei uns gemeldet haben”, resümiert der Astrophysiker F. Tipler, “existieren sie auch nicht: Wir sollten uns nicht wundern, wenn es im Universum nur ein Sonnensystem mit intelligenten Wesen gibt.” [27]

***“Nicht ein blindes Ungefähr setzte mich grausam in dieses unwirtliche Land, auf dem es hohnlächelnd mich leiden, Wurzeln schlagen, mich sonnen und dann gebrochenen Herzens mich scheiden sieht, sondern der Gott, den ich Vater nennen darf, hat mich aus dem Nichts gerufen, um mir alles zu geben.”***

Hermann von Bezzel, Theologe

Biochemiker führen zwar seit 1953 ihre bekannten *Ursuppen-Experimente* durch, bei denen im Labor einfache Bausteine von Makromolekülen entstehen. Aber nie hat sich die Suppe tatsächlich zu regen begonnen. Das mag, so die Argumente, an der beschränkten Zeit liegen, die den Biochemikern zur Verfügung stand. Aber wer plant schon Experimente, die ein paar Millionen Jahre dauern? Doch auch die Zeit setzt die chemischen Gesetzmäßigkeiten nicht außer Kraft, die das Entstehen von Lebensstrukturen in Ursuppen verhindern. Deshalb ist der entscheidende Schritt von der unbelebten Natur selbst zum primitivsten Lebewesen für die Laborwelt ein Geheimnis.

**Die Saat, die aus der Kälte kommt.** Die Exobiologen – wie sich die Spezialisten für außerirdisches Leben nennen – erwägen deshalb seit langem eine andere Erklärung zum Ursprung des Lebens auf der Erde: Wenn es schon nicht auf der Erde entstand, dann ist es eben aus dem All zu uns gekommen. Einen passenden Namen hat man auch gefunden: *Panspermie*. Eingeschlossen in kosmischen Staub, der teilweise nachgewiesenermaßen organische Komponenten enthält, seien *Mikroben* durch das All vagabundiert und wären in Meteoriten auf die Erde gestürzt.

Unabhängig davon, wie man zu der “Genschwemme aus dem All” steht, sagt auch diese Theorie erbärmlich wenig über den tatsächlichen Ursprung des Lebens.

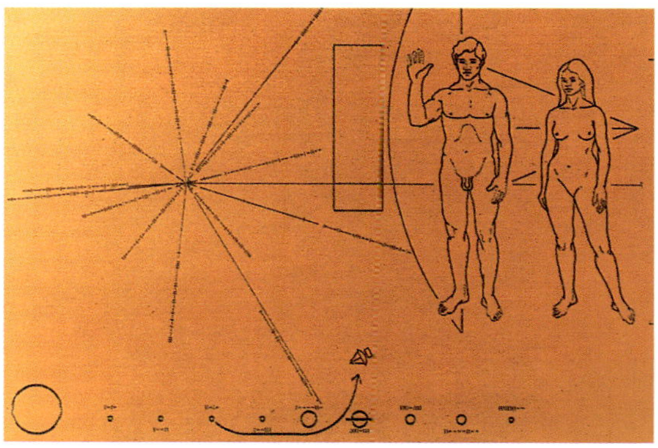

**Unsere Visitenkarte für Außerirdische: An der Pioneersonde hat man vergoldete Aluminiumplatten befestigt, die Auskunft geben über ihren Flug durchs Sonnensystem; die sternenförmige Struktur informiert über unsere benachbarten Pulsare. Die männliche Gestalt hebt die Hand zum Gruß. Sind da noch Mißverständnisse möglich?**

**Arecibo – das größte Radioteleskop der Welt befindet sich in Puerto Rico. Mit ihm wird die Suche nach außerirdischer Intelligenz unterstützt.**

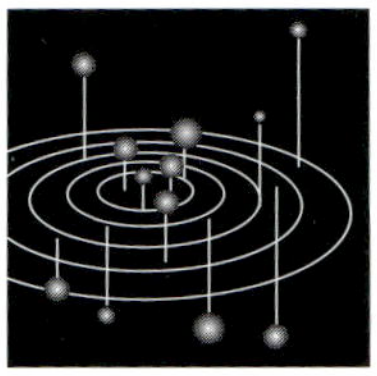

# Großraum des



Wir sind mit unserer Milchstraße nicht allein im Kosmos. Die galaktische Heimat des Sonnensystems, die riesige Sternansammlung der Milchstraße, gehört ihrerseits zu einem Sternverband, den wir die Lokale Gruppe nennen. Bis jetzt wurden über 30 Mitglieder dieser Gemeinschaft entdeckt, die durch gegenseitige Massenanziehungskraft zusammengehalten werden. In dieser Weise ist der ganze Kosmos strukturiert, und den Astronomen fällt eine bemerkenswerte Geselligkeit der Nebelobjekte auf. So gibt es Gebiete, die vor Galaxienreichtum strotzen, während andere Himmelsgebiete galaxienfrei erscheinen. Aber erst die aufwendige, aber leider noch immer sehr grobe Entfernungsbestimmung, brachte das räumliche Verteilungsmuster der Galaxien ans Tageslicht.

**Das beste vom Hubble-Weltraumteleskop aufgenommene Bild der Galaxie M 100. Sie gehört zur nächstgrößeren Einheit, dem Lokalen Superhaufen.**

# trukturen
# osmos

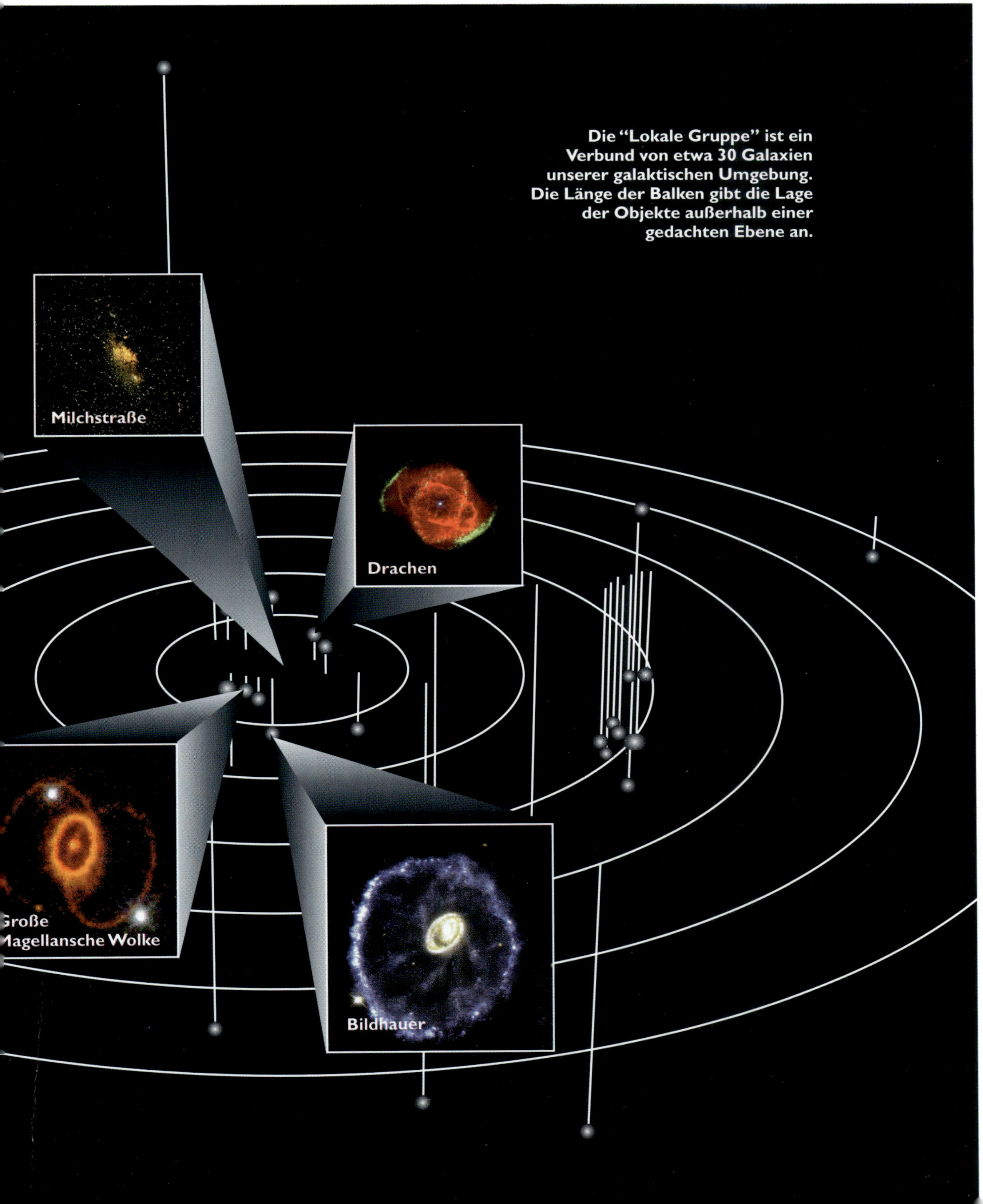


Die "Lokale Gruppe" ist ein Verbund von etwa 30 Galaxien unserer galaktischen Umgebung. Die Länge der Balken gibt die Lage der Objekte außerhalb einer gedachten Ebene an.

# Tod und Geburt im Kosmos



**Dramatische Ereignisse um SN 87A.** Mit einem Feuerwerk – heller als 100 Millionen Sonnen – hatte das Objekt Sanduleak-69202 in der Großen Magellanschen Wolke seinen Abgang in Form einer Sternexplosion begleitet, um dann seit Mitte des Jahres 1987 – so wie es sich für eine Supernova gehört – allmählich zu verblassen. Obwohl nach gängiger Theorie als Überbleibsel eine Sternleiche in Form eines kleinen, aber superdichten Neutronensterns erwartet wurde, konnte dieser bislang nicht ausfindig gemacht werden. Die Frage wird diskutiert, ob der Neutronenstern mit seiner so ungeheuren Schwerkraft zum sogenannten Schwarzen Loch geworden sein könnte, bei dem nicht einmal mehr Licht nach außen dringen kann.

**Ringelreihen im Raum.** Anstelle des Neutronensterns entdeckten die Astronomen einen eineinhalb Lichtjahre breiten Materiering um die Supernova SN 87A. Bereits vor seiner Explosion hat der Stern das Material des Ringes freigesetzt, das nun vom Explosionsblitz zum Leuchten angeregt wurde. Daß die Entwicklung nach über zehn Jahren nach dem Sterntod nicht abgeschlossen ist, zeigen weitere Beobach-

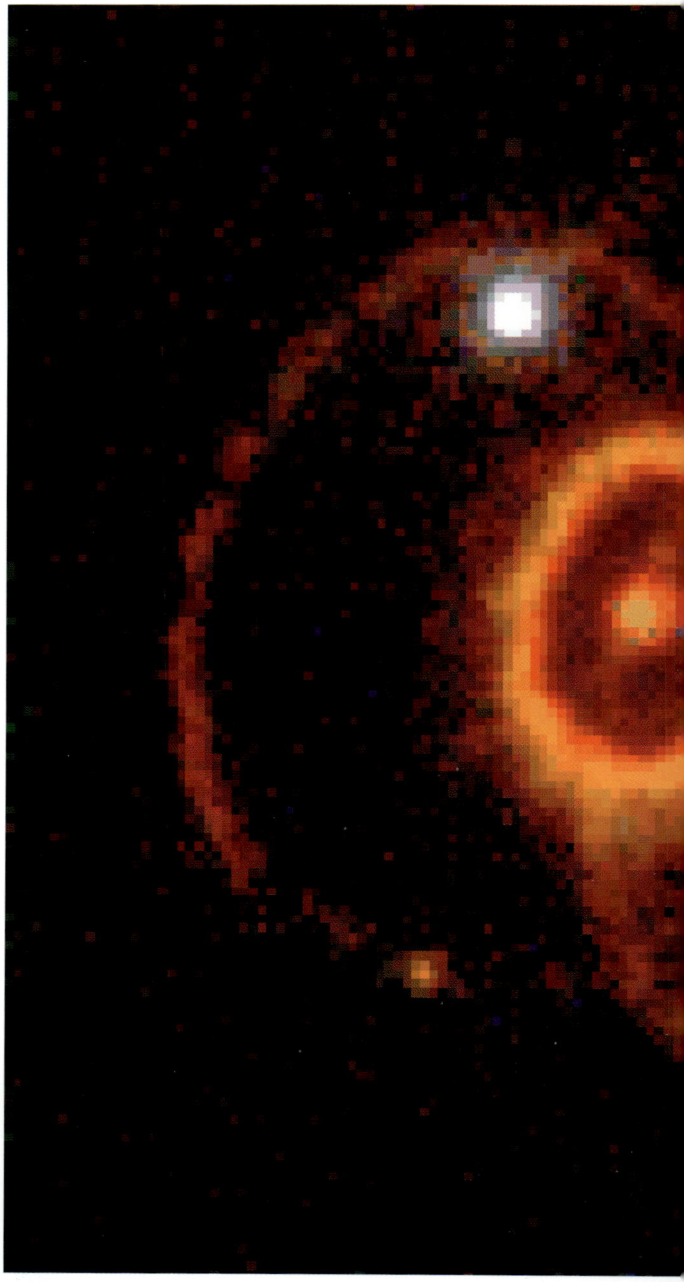

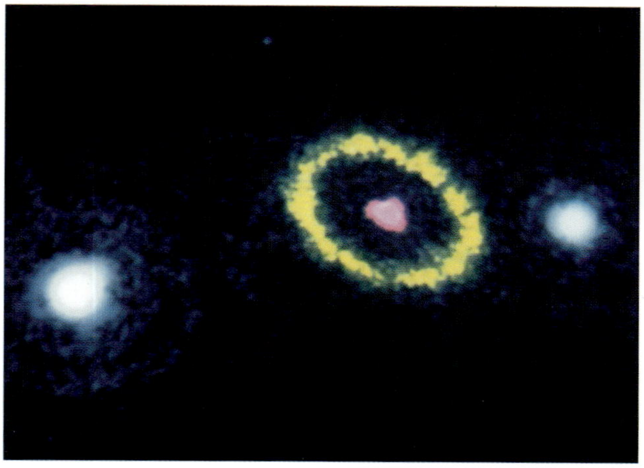

**Buchstäbliche Suche nach der Nadel im Heuhaufen: Inmitten der Großen Magellanschen Wolke explodiert 1987 ein Stern. Erst hochaufgelöste Bilder lassen den Kern der Supernova SN 87A sichtbar werden. Ein früher freigesetzter Gasring wird durch den Explosionsblitz zum Leuchten angeregt.**

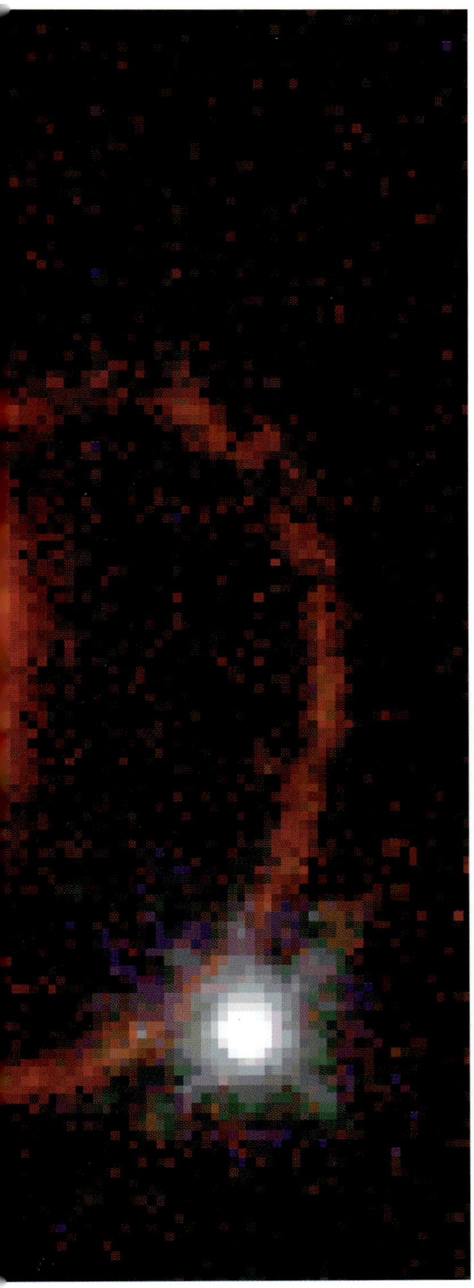

Im Jahre 1995 brachte ein unerwarteter Anstieg der Helligkeit dieses Triplet von Ringen um den sterbenden Stern SN 87A zum Vorschein.

tungen: Das vom Hubble-Weltraumteleskop aufgenommene Bild zeigt ein Triplet von Ringen, wobei man davon ausgeht, daß die beiden äußeren Ringe Spiegelbilder sind. Der Leiter dieser Ringbeobachtungen, Chris Burrows, spekuliert, daß die einige Lichtjahre messenden Ringstrukturen mit einem Hochenergiestrahl von Teilchen wie mit einem Laserstrahl in einem Gas-Staub-Nebel an den Himmel gemalt werden. Diese Antwort läßt sicher noch viele Fragen offen.

Ganz anders stellt sich das Ende eines Objektes als planetarischer Nebel dar. Vermutlich setzt ein Doppelsternsystem im Zentrum des Katzenauges Gase frei, deren Stoßfronten sich in kunstvoller Weise mischen.

**Beispiel eines sterbenden Sterns als planetarischer Nebel, das sogenannte Katzenauge im Sternbild Drachen.**

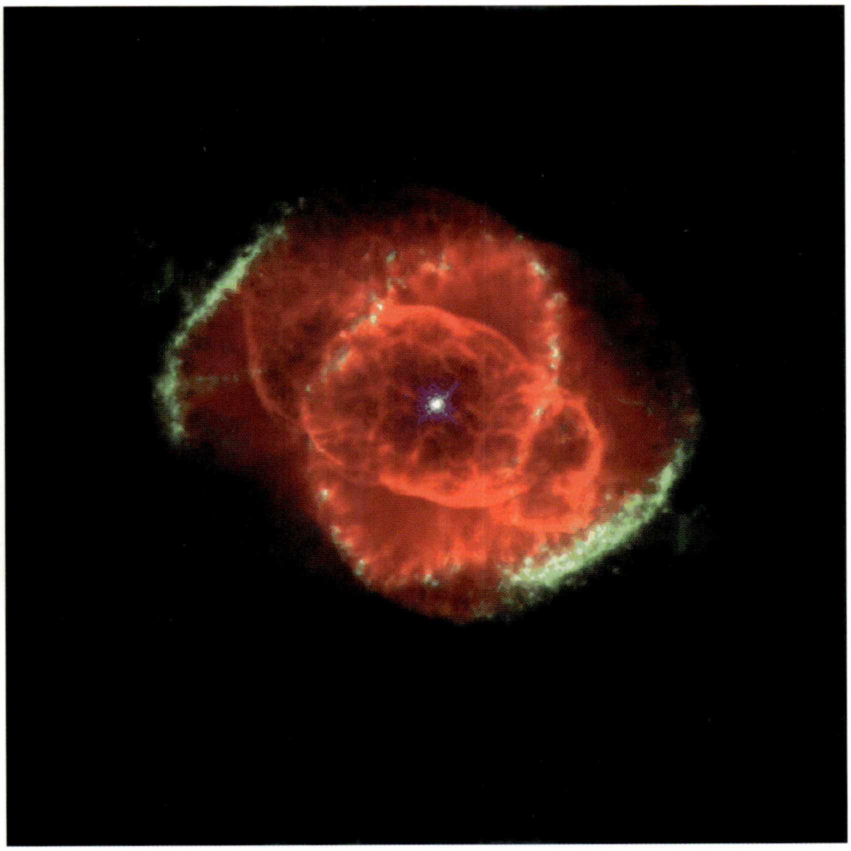

# Katastrophe der Wagenrad-Galaxie



Wir diskutierten bereits eine Reihe von Kollisionsformen im Weltraum. Jede feste Oberfläche in unserem Planetensystem ist – durch ihr von Einschlagskratern vernarbtes Antlitz – beredtes Zeugnis von gewaltigen Zusammenstößen. Ein durchaus seltenes, aber hochspektakuläres Ereignis ist jedoch der Frontalzusammenstoß von ganzen Galaxien. Genau so etwas hat 1995 das Hubble-Weltraumteleskop fotografiert.

Die sogenannte Wagenrad-Galaxie ist rund 500 Millionen Lichtjahre weit entfernt im Sternbild Bildhauer zu finden. Sie ist beziehungsweise war eine normale Spiralgalaxie wie unsere Milchstraße, bevor sie eine kleinere Galaxie – möglicherweise eine der beiden Objekte im rechten Teil des Bildes – durchdrungen hat. Die beeindruckende ringähnliche Struktur ist ein direktes Ergebnis des Zusammenstoßes. Wie ein ins Wasser geworfener Stein ringförmige Wellen auslöst, so ist der helle Ring eine Wellenfront, die sich mit rund 300 000 Kilometern pro Stunde ausbreitet. In diesem Feuersturm konnten helle, blaue Verdichtungen ausgemacht werden, die als gigantische Haufen entstehender Sterne gedeutet werden. Der Ring soll mehrere Milliarden neugeborener Sterne enthalten.

**Leben nach dem Tod.** Details der knotenförmigen Struktur des Ringes sind links oben dargestellt. Beispielhaft wird eine blasenförmige Ausdünnung gezeigt, die darauf hinweist, daß frisch entstandene Sterne teilweise schon wieder in Form von Supernovae auseinandergerissen wurden. Oder was sollte sonst die großen Leerräume erzeugt haben? In ihren Stoßfronten kann man bereits Hinweise auf neue Sternbildung finden – also Sterne zweiter Generation.

Auf dem Bild hat sich der Kern der Wagenrad-Galaxie bereits formiert. Ebenso sind zwischen Zentrum und Ringstruktur Spiralarme zu erkennen.

Ergebnis eines Zusammenstoßes zweier Galaxien: Eine der beiden Galaxien rechts im Bild hat die große Galaxie durchdrungen und die in der Mitte gezeigte Struktur mit neu gebildetem Kern (Einzelheiten links unten) und schwach ausgebildeten Spiralarmen hinterlassen. Links oben sind Einzelheiten des äußeren Rings zu sehen.

# Karte der Kosmosstruktur

*„Sie wollen die Erde erniedrigen, obwohl Sie auf ihr leben und alles von ihr empfangen. Sie beschmutzen ihr eigenes Nest! ... Ich bin nicht irgendein Wesen auf irgendeinem Gestirnchen, das für kurze Zeit irgendwo kreist. So kommt sichtbar und unwiderleglich alles an auf mich, den Menschen, die Anstrengung Gottes, das Geschöpf in der Mitte, das Ebenbild Gottes ...“*

Bertolt Brecht in "Leben des Galilei"
– Rede des alten Kardinals –

Im Jahre 1989 hat man eine dreidimensionale Verteilung von insgesamt 15 000 Galaxien über Rotverschiebungsmessungen dargestellt. Dabei fand man eine gewaltige Wand aus Galaxien: etwa 500 Millionen Lichtjahre lang, rund 200 Millionen Lichtjahre breit und lediglich 15 Millionen Lichtjahre dick. Sie erhielt den plakativen Namen Große Mauer. Diese Formationen sind viel zu groß, um in der kurzen Zeit nach einem sogenannten Urknall unter der Wirkung der uns bekannten Kräfte entstanden zu sein.

Dann blicken wir zum Beispiel im Sternbild Bärenhüter in einen 100 Millionen Lichtjahre messenden Leerraum, in dem die mittlere Galaxiendichte nur einen Bruchteil des üblichen Wertes besitzt. Auch hier muß die Frage gestellt werden, welche gewaltigen Explosionen je in der Lage gewesen sein sollten, in wenigen Milliarden Jahren so große Leerräume zu erzeugen.

Diese runde Karte versucht, unsere kosmische Umgebung aus der Sicht eines gedachten Beobachters darzustellen, der aus einer Entfernung von Milliarden Lichtjahren senkrecht zur Ebene unserer Milchstraße ein lichtstarkes Teleskop auf uns richtet. Unsere eigene Galaxie ist zu einem kleinen Punkt in der Mitte der Darstellung geschrumpft, umgeben von Ansammlungen Tausender von Galaxien in unterschiedlichen Mustern. Auffallend sind neben den großen Strukturen die blasenförmigen Leerräume. Es ist eines der vielen Geheimnisse der Kosmologie, warum sich gerade an den Grenzen zu den Leerräumen die Galaxien häufen.

Die Karte aus dem Jahre 1993 ist so aufgebaut, daß unsere Galaxie in der Mitte liegen muß. Aber eines hat die Astronomen doch überrascht: Wie die Speichen eines riesigen Wagenrads weisen Strukturen wie Zeiger auf uns. Sie sind als Finger Gottes in die Fachliteratur eingegangen.[28] Der Mensch also doch in der Mitte?

Heute streitet kaum einer mehr über die bescheidene Rolle der Erde als ein kleiner Planetenkörper von vielen. Auch ist das Umfeld unserer Sonne zweifellos ein Nebenschauplatz im Geschehen unserer Milchstraße. Weisen nun aber dennoch übergeordnete Strukturen in der Größenordnung von mehreren hundert Millionen Lichtjahren auf eine besondere Rolle unseres Systems hin? Werden wir zurückversetzt in ein vorkopernikanisches Weltbild, diesmal von kosmischem Ausmaß? Jedenfalls bilden Formationen in den bizarren Mustern des Kosmos lineare Strukturen, die konzentrisch von allen Seiten als Finger Gottes auf uns ausgerichtet scheinen.

Unabhängig davon, wie eine angemessene Interpretation dieser Kosmoskarte lauten mag; es gibt keinen Zweifel: Der Mensch – Mitte des Interesses Gottes.

**Die neueste Karte des Kosmos als Projektion unserer kosmischen Umgebung senkrecht zur Ebene unserer Milchstraße. Zwischen den Koordinaten 9h und 16h sieht man die Große Wand. Die blasenförmigen Leerräume führten zur Bezeichnung des Seifenblasen-Universums. Auffällig sind die Finger Gottes, die als lineare Strukturen konzentrisch auf unser System weisen.** [28]

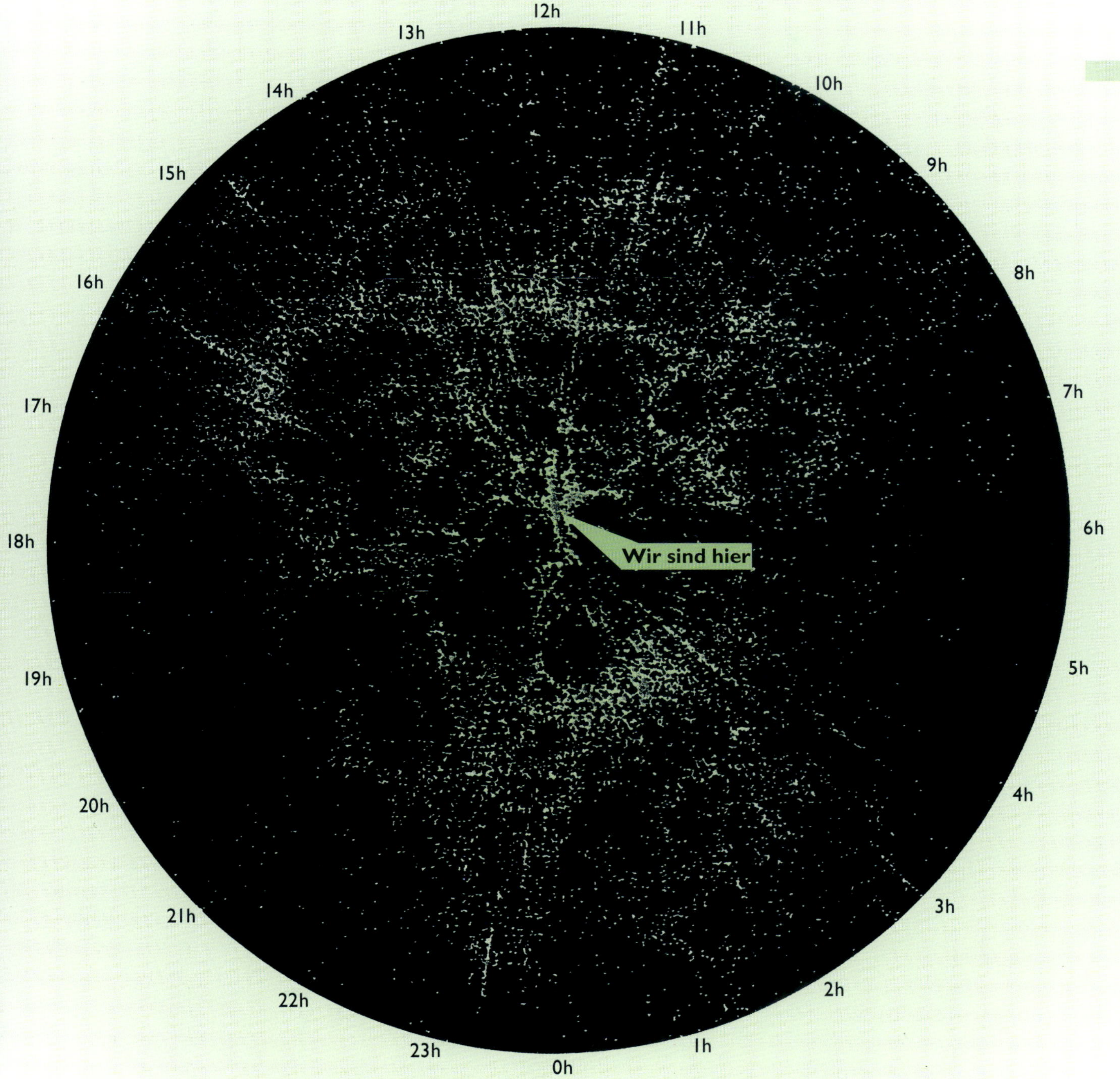
12h
11h
10h
9h
8h
7h
6h
5h
4h
3h
2h
1h
0h
23h
22h
21h
20h
19h
18h
17h
16h
15h
14h
13h
Wir sind hier

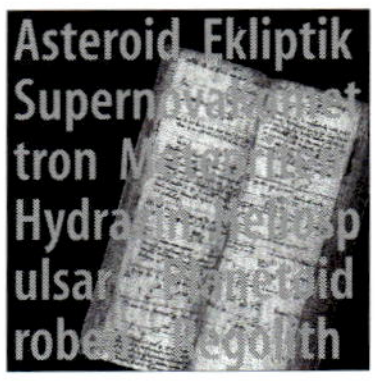


# Epilog

## Naturwissenschaftliche Erkenntnis ist nur ein Vorletztes

Astronomische Forschung ist eines der größten Abenteuer menschlichen Geistes. Wissenschaftler und Ingenieure haben verwegendste Ideen erfolgreich umgesetzt. Tiefe Einblicke ins kosmische Geschehen wurden möglich. Je größer allerdings die betrachteten Entfernungen sind, in die wir mit unseren Teleskopen vordringen, desto größer werden die Unsicherheiten unserer Aussagen.

***"Schließlich stehen wir an der vom letzten blassen Schein verschwindenden Grenze – der äußersten Reichweite unserer Fernrohre. Was wir messen, sind nur noch Schatten, und inmitten gespenstischer Meßfehler sucht das Auge nach Meilensteinen, die kaum wirklicher sind als jene."***

Edwin Hubble, Astronom

Grundsätzlich hat jede physikalische Meßgröße ihren dazugehörenden Meßfehler. Bei kosmologisch orientierten Beobachtungen weiß man oft nicht mehr, wie weit man korrigieren muß. "Denn wenn der Astronom dort angelangt ist, wo er hin will, sieht er möglicherweise keine Notwendigkeit für weitere Korrekturen. Wissenschaftliches Arbeiten ist zuweilen nicht ganz so objektiv, wie man hofft."[29] Die Grenze zwischen Wunsch und Wahrheit verschwindet. Unsicherheiten sind in diesem Bereich grundsätzlicher Natur.

**Materie im Raum.** Unter der Annahme gleicher Physik im Labor und im Weltraum folgt eine grundsätzliche Einschränkung. Sie besagt, daß wir nur etwa fünf bis zehn Prozent aller Materie sehen können Um Vorgänge über lange Zeiträume stabil zu halten, verlangen Astrophysiker mehr als 90 Prozent sogenannter Dunkler Materie.

So müßten Galaxien aufgrund ihrer schnellen Rotation in den äußeren Bereichen längst auseinandergeflogen sein. Sie können nur unter der Annahme einer Anziehungskraft großer Anteile Dunkler Materie als "Klebstoff" stabil sein. Die Suche nach der Natur der Dunklen Materie ist eines der drängendsten Probleme der Astrophysik.

**Rotverschiebung der Sternspektren.** Ausgehend vom sogenannten Urknallmodell sind die zu größeren Wellenlängen verschobenen Spektrallinien eine grundlegende Methode zur räumlichen Dimensionierung des Kosmos. Diese Verschiebung wird im Sinne des Doppler-Effektes gedeutet. Das heißt: Je größer die spektrale Rotverschiebung, desto größer ist die Entfernung des Objekts. Allerdings weiß man von massereichen Objekten, die diesbezüglich Fragen aufwerfen.

Es gibt zu Galaxien gehörende Quasare, die durch Materiebrücken miteinander verbunden sind. Sie sollten deshalb benachbart sein. Gleichzeitig zeigen sie deutliche Unterschiede ihrer Rotverschiebung, was auf unterschiedliche Entfernungen hinweist. Zur Klärung dieses Widerspruchs macht man heute eine bislang nicht verstandene Wechselwirkung zwischen Licht und Materie verantwortlich. Oder haben wir die wahre Natur des Lichtes nicht erfaßt (s. Kap. Informationsträger Licht)?

**Schwere Elemente in weit entfernten Objekten.** Da der sogenannte Urknall nur Wasserstoff, Helium und Spuren leichter Elemente erzeugen konnte, sollten weit entfernte – also im Sinne eines Urknalls junge – Objekte ausschließlich aus diesen Elementen bestehen. Jeder weit entfernte Quasar mit Anteilen schwerer Elemente stellt diese Vorstellung auf eine harte Probe.

Naturwissenschaftliche Erkenntnis bleibt ein Vorletztes. Es wird immer letzte Geheimnisse geben. Unvoreingenommene Forschung kann aber den Vorhang transparenter machen, der uns von ihnen trennt. Das macht Forschung an dieser Front auch weiterhin so spannend und faszinierend.

**Eine Sensation für die Astronomie: Noch nie schaute ein Teleskop so tief in den Weltraum. Mehr als zehn Milliarden Lichtjahre Entfernung werden für die entferntesten Galaxien angegeben. Blaue Objekte stehen uns näher als rote. Erstaunlicherweise sind die Strukturen der Galaxien in der "Nähe des Urknalls" unseren benachbarten ähnlich.**

# Anhang
## Begriffserklärungen



**Ammoniten.** Sie waren schwimmende Meerestiere. Aufgrund der kurzen Lebensdauer der einzelnen Arten eignen sie sich als Leitfossilien. Ihre Größe schwankt zwischen wenigen Millimetern und zwei Metern.

**Asteroid.** Asteroiden oder Planetoiden sind Kleinkörper, die zu einer Population von vielen Tausenden von Objekten gehören, die sich zwischen Mars und Jupiter befinden. Typische Größe: Einige 100 Meter bis 1 000 Kilometer. Ihr Ursprung geht möglicherweise darauf zurück, daß das mächtige Jupiter-Gravitationsfeld die Bildung eines größeren Körpers verhinderte.

**Astronomische Einheit.** Gebräuchliche Entfernungseinheit innerhalb unseres Sonnensystems. Unter einer AE versteht man die mittlere Entfernung Erde – Sonne. Der festgelegte Wert beträgt 1 AE = 149,6 x $10^9$ Meter.

**Atmosphäre.** Bezeichnung für die Gashülle, die einen Planeten, einen Mond oder einen Stern umgibt. Bei Sternatmosphären denkt man allerdings nicht an die gasförmigen Hüllen, die manche Sterne umgeben, sondern an die äußeren, weniger dichten Schichten eines Sterns.

**Atome.** Sie sind die kleinsten Teilchen eines chemischen Elements. Die klassische Vorstellung ist die eines Mini-Planetensystems. Jedoch läßt sich heute die wahre Struktur eines Atoms kaum veranschaulichen, weil die Dimensionen seiner Bestandteile so unvorstellbar klein sind und weil sie in ihrem Verhalten gelegentlich nicht mehr Teilchen, sondern eher Wellengruppen gleichen.

**Brauner Zwerg.** Sternähnliches Objekt, das aber nicht genug Masse hat, um in seinem Innern die Bedingungen für Kernfusion zu erzeugen.

**Dichteanomalie.** Beschreibt die Besonderheit des Wassers, bei 4° Celsius die größte Dichte, nämlich 1 g/$cm^3$, zu haben.

**Drücke im Sterninnern.** Materie hat die Eigenschaft, sich mit einer Kraft (Gravitation) gegenseitig anzuziehen. Deshalb hat eine zufällige Materieansammlung die Eigenschaft, weitere Materie aus der Umgebung anzuziehen. Beim Fortschreiten dieses Vorgangs erhöht sich der Druck im Inneren des Gebildes. Er kann schließlich so groß werden, daß dadurch so extreme Temperaturen entstehen, daß eine Kernreaktion ausgelöst wird.

**Dualismus.** Die meisten Eigenschaften des Lichts lassen sich erklären, wenn man es als elektromagnetische Welle ansieht (Brechung, Polarisation, Interferenz). Andere mit dem Licht verknüpfte Vorgänge, z. B. der Photoeffekt, werden nur verständlich, wenn man Licht als Teilchen oder Photonen ansieht. Dieser als Dualismus bezeichnete Charakter des Lichts war nahezu zwei Jahrhunderte lang Gegenstand einer Kontroverse. Erst die Quantenelektrodynamik machte beide Vorstellungen vereinbar.

**Eiskörperpopulation.** Neben den inneren, den äußeren Planeten und den Kometen gibt es zunehmend Hinweise auf die Existenz einer weiteren Klasse von Objekten, die sich im Übergangsbereich zwischen den äußeren Planeten und einem postulierten Kometenreservoir, der sogenannten Oortschen Wolke, befinden.

**Ekliptik.** Ebene der Planetenbahnen um die Sonne. Genauer gesagt, ist es die Ebene der Erdbahn.

**Elektromagnetisches Spektrum.** Die Frequenz- bzw. Wellenlängenfolge des gesamten Bereichs der elektromagnetischen Strahlung von der kleinsten bis zur größten Wellenlänge bzw. Energie, dargestellt in Form einer jeweiligen Intensitätsverteilung. Als Beispiel kann die spektrale Intensitätsverteilung, wie sie bei der Zerlegung von weißem Licht durch ein Prisma in die Regenbogenfarben vorkommt, dienen.

**Elektronen.** Ein elektrisch negativ geladenes Elementarteilchen, das in einem Atom dessen Kern umhüllt.

**Exobiologie.** Erforscht die zu allen Zeiten mehr oder weniger stark diskutierte Frage der Möglichkeiten von Leben außerhalb der Erde. Dabei wird davon ausgegangen, daß dies – wie irdisches Leben – auf der Grundlage von Kohlenstoff basiert.

**Exzentrizität.** Sie ist ein Element zur Bestimmung einer Umlaufbahn und bestimmt die Abweichung von einer idealen Kreisbahn.

**Fluchtgeschwindigkeit.** Sie ist die Startgeschwindigkeit, die ein Körper erreichen muß, um das Gravitationsfeld eines Himmelskörpers zu verlassen. Für die Erde sind dies elf Kilometer pro Sekunde, während auf einem drei Kilometer großen Asteroiden ein Hochsprung genügt.

**Fluoreszieren.** Dies ist eine von vielen Arten von Leuchterscheinungen, die ohne Wärmeentwicklung als „kaltes Licht" entstehen und die man im sogenannten Bändermodell deuten kann. Dabei werden Elektronen von Atomen durch einfallende Energie in das Leitfähigkeitsband gehoben, und die Lücke wird von einem Störstellenelektron aufgefüllt. Danach füllt das erstere Elektron die entstandene Lücke unter Lichtemission (Fluoreszenz) wieder aus.

**Gallex.** Abkürzung für Gallium-Sonnenneutrino-Experiment. Weitgehend abgeschirmt von Störstrahlung, versucht man mit großem apparativem Aufbau im Inneren von Bergen die bislang nicht ganz verstandenen Neutrinos der Sonne zu erforschen.

**Gamma-, Röntgen- und Infrarot-Astronomie.** Disziplinen in der Astronomie, die erst durch die Möglichkeiten der Raumfahrt erschlossen werden konnten, denn besonders kurz- und langwellige Strahlung wird durch die Wirkung der Atmosphäre absorbiert. Die Röntgenastronomie röntgt nicht die Sterne, sondern untersucht ihre ausgesandte Strahlung in diesem Wellenlängenbereich.

**Gezeitenreibung.** Die Erde bewegt sich bei ihrer Rotationsbewegung jeweils unter zwei Flutbergen hindurch. Der eine wird durch die Anziehungskraft des Mondes und der andere durch die Fliehkraft der Erde im Erde-Mond-System bewirkt. Die dadurch zu überwindende Reibung verlangsamt die Rotationsgeschwindigkeit der Erde um 0,0016 Sekunden pro Jahrhundert.

**Gravitative Störung.** Für die Entstehung des Asteroidengürtels gibt es unterschiedliche Erklärungsversuche. Einer geht davon aus, daß sich die Materie zwischen Mars und Jupiter deshalb nicht zu einem Planetenkörper formen konnte, weil dies Jupiter als größter Planet mit seinem Gravitationsfeld durch Störungen verhinderte.

**Gravitationsfeld.** Eigenschaft der Masse, andere Massen an sich zu ziehen. Im Weltraum wird die Bewegung der Objekte um ein Zentralobjekt durch die Größe der Gravitationskraft und der durch die Umlaufbewegung erzeugten Fliehkraft bestimmt.

**Heliosphäre.** Ein die Sonne weiträumig umgebender Raum, in dem der Sonnenwind und mit diesem mitgeführte Magnetfelder wirksam sind. Die Birnenform der Heliosphäre wird durch die Relativbewegung der Sonne zur angrenzenden Interstellaren Materie bedingt. Der Abschluß zum Interstellaren Raum ist die Heliopause.

**Hydrazin.** Ein in der Raumfahrttechnik häufig eingesetzter Treibstoff.

**Interstellares Gas.** Der Raum zwischen den Objekten im Weltraum ist nicht leer, aber die Materie ist dort extrem ausgedünnt. Sie besteht vor allem aus von den Sternen abströmenden Teilchen, wie Protonen und Elektronen und auch Ionen von Helium. Es gibt aber auch kompliziertere Atome, Moleküle und Staub, die durch Explosion sterbender Sterne (Supernovae) dazukamen.

**Ionisation.** Entsteht durch Anlagerung oder Abtrennung eines oder mehrerer Elektronen an einem nach außen neutralen Atom.

**Komet.** Himmelskörper, die typischerweise auf langgestreckten Ellipsenbahnen die Sonne umlaufen und während ihres Aufenthalts im inneren Bereich des Sonnensystems mehr oder weniger spektakuläre Schweife ausbilden (siehe auch "Schmutziger Schneeball").

**Koronis.** Der Jupiter ist vermutlich für unterschiedliche Gruppierungen von Objekten innerhalb des Asteroidengürtels durch den Einfluß seiner Gravitation verantwortlich. Bei Gruppen mit mehr als 100 bekannten Mitgliedern mit gleichen Bahnelementen geht man davon aus, daß sie durch katastrophale Zusammenstöße gebildet wurden. Dazu gehört die Koronis-Gruppe.

**Lava.** Glühende Schmelze, die bei Vulkanausbrüchen aus dem Inneren eines festen Himmelskörpers austritt. Dies ist meist mit einer starken Ausgasung verbunden.

**Lichtjahr.** Unter dieser Entfernungsangabe versteht man die Strecke, die das Licht in einem Jahr zurücklegt. Das sind rund zehn Billionen Kilometer.

**Makrokosmos.** Welt der Planeten und Sterne. Planeten und Monde kreisen um ein Zentralobjekt.

**Marskanäle.** Eine Reihe von Astronomen glaubte, bei teleskopischen Beobachtungen auf der Oberfläche des Mars regelmäßige, lineare Gebilde zu erkennen, die von vielen für ein künstliches Bewässerungssystem gehalten wurden. Man war teilweise davon überzeugt, daß es den Zweck hatte, Wasser von den polaren Eiskappen bis zu den trockenen Äquatorbereichen zu leiten. Erst mit den Flügen von Raumsonden konnte zweifelsfrei nachgewiesen werden, daß Kanäle überhaupt nicht vorhanden waren.

**Meteorit.** Fester, von Asteroiden und/oder Kometen stammender Körper sowie Körper unbekannter Herkunft, die in die Erdatmosphäre eindringen und eine Leuchtspur auslösen. Nur größere, kompakte Körper überleben den Flug durch die Atmosphäre. Durch Laboruntersuchungen können aus ihnen Informationen über die stoffliche Zusammensetzung außerirdischer Materie erhalten werden.

**Mikrokosmos.** Welt der Atome. Um einen Atomkern bewegen sich Elektronen.

**Mikroben.** Als Mikroben oder Mikroorganismen bezeichnet man meist nur im Mikroskop sichtbare pflanzliche und tierische Lebewesen.

**Millisekunden-Pulsar.** Pulsare sind kompakte Objekte mit extrem hoher Dichte und einem starken Magnetfeld. Man geht davon aus, daß sie im Feuersturm einer Sternexplosion (Supernova) entstehen. Da sich ein Pulsar in Bruchteilen von Sekunden um seine eigene Achse dreht, kann ein von ihm ausgesandtes enges Bündel von Strahlung von der Erde aus ermittelt und mit hoher Genauigkeit vermessen werden. Messungen an diesem Leuchtfeuer brachten Schwankungen zutage, die man auf den gravitativen Einfluß von Begleitobjekten zurückführt, die an dem Pulsar zerren.

**Nanobakterium.** Kleinster bislang beobachteter Organismus, dessen Größe im Nanometer-Bereich liegt. Dabei ist ein Nanometer = $10^{-9}$ m. Nanobakterien wurden erst jüngst in irdischen Gesteinen entdeckt und vermehren sich gerne in vulkanischem Gestein. Es bedarf eines sehr fortgeschrittenen Elektronenmikroskops, um so winzige Strukturen überhaupt zu erkennen.

**Neutron.** Elektrisch neutrales Elementarteilchen, das neben dem Proton zu den Bausteinen der Atomkerne zählt.

**Oortsche Wolke.** Hypothetische Ansammlung von ein bis einigen hundert Milliarden Kometenkörpern in einem kugelschalenförmigen Bereich jenseits der Planeten, der sich in etwa 50 000 AE Entfernung wie eine Weihnachtsbaumkugel um unser Sonnensystem legen soll.

**Panspermie.** Diese Hypothese zur Erklärung der Lebensentstehung wurde 1906 von Arrhenius aufgestellt. Sie besagt, daß das Leben auf der Erde nicht hier begann, sondern durch Meteorite – Wickramasinghe verdächtigte später die Kometen – aus dem Weltall auf die Erde gebracht wurde. In der Tat war die Behauptung richtig, daß der Komet Halley mit organischem Material bedeckt ist. Dennoch wirft auch diese Theorie mehr Probleme auf, als sie löst.

**Permafrost.** Auf dem Mars müssen einmal riesige Mengen Wasser geflossen sein. Das Wasser ist vermutlich wegen der – im Vergleich zur Erde – geringen Masse und des Fehlens eines Magnetfeldes verloren gegangen. Ein Teil des Wassers könnte aber auch weiterhin unter der Oberfläche als Permafrost-Lagerstätte existieren.

**Photon.** Masseloses und elektrisch neutrales Elementarteilchen. Es ist das Energiequant des elektromagnetischen Feldes. Es wird bei kleiner Energie Lichtteilchen und bei sehr hoher Energie Gammaquant genannt.

**Planetoid.** Andere Bezeichnung für Kleinplanet, sprich Asteroid.

**Proton.** Ein schweres Elementarteilchen mit positiver elektrischer Ladung. Es ist Baustein der Atomkerne.

**Quasar.** Abkürzung für "quasistellar object" = sternähnliches Objekt mit intensiver Radiowellenstrahlung. Dabei könnte es sich um extrem aktive Galaxien handeln, mit bis heute noch nicht verstandenen Mechanismen für ihre Aktivität. Aufgrund ihrer großen Rotverschiebung werden sie für die mit am weitesten entfernten Objekte gehalten.

**Raumsonde.** Bezeichnung für menschengemachten Raumflugkörper, der sich auf Kreis- oder Ellipsenbahnen um Himmelskörper (Sonne, Planet, Mond, Komet) bewegt. Dabei werden erdumkreisende Flugkörper Satelliten, andere Objekte umkreisende Flugkörper Sonden genannt.

**Regolith.** Das auf der Oberfläche eines Planeten oder Mondes durch Einschläge geformte Trümmergestein.

**Ringkantenstellung.** Die Neigung der Bahnebene oder der Äquatorebene eines Ringplaneten zum Beispiel Saturn gegen die Ekliptik erzeugt beim Durchgang der Erde durch die Äquatorebene des Planeten eine Ringkantenstellung. Es ist ein seltenes, kurzes Ereignis.

**Rosettastein.** Bezeichnung für den in Rosette im westlichen Nildelta gefundenen Stein. Hier war ein Dekret der Priester von Memphis in unterschiedlichen Sprachen eingemeißelt, so daß die Entzifferung des hieroglyphischen Schriftsystems glückte.

**Rotationsgeschwindigkeit.** Bewegung eines Himmelskörpers um seine eigene Achse. Eine direkte Bestimmung kann bei der Sonne durch Beobachtung von Oberflächenerscheinungen wie Sonnenflecken, bei Planeten durch Oberflächenstrukturen und bei Sternen durch periodische Schwankungen des Magnetfelds oder des Spektrums erreicht werden.

**Rückblickzeit.** Dieser Ausdruck wird benutzt, um darauf hinzuweisen, daß wir weit entfernte astronomische Objekte so sehen, wie sie ausgesehen haben, als ihr Licht sie vor langer Zeit verließ. Wegen der endlichen Lichtgeschwindigkeit erscheint uns eine eine Million Lichtjahre entfernte Galaxie so, wie sie vor einer Million Jahren aussah.

**Schäfermonde.** Manchmal werden sie auch Hirtenmonde genannt. Es sind kleine Monde von Ringplaneten, zum Beispiel Saturn, die das Ringsystem teilen oder eingrenzen.

**Schildabbruch.** Steil abfallende Flanke am Fuße eines Vulkans.

**Schmutziger Schneeball.** Das ist eine Kurzbeschreibung dessen, was wir heute unter einem Kometenkern verstehen. Kommt gelegentlich aus der Tiefe des Raumes – sozusagen aus der Gefriertruhe – ein Objekt in Sonnennähe, so kommt es bei Freisetzung von Wasserdampf und Staub zu mehr oder weniger spektakulären Ausbildungen eines Plasma- bzw. Staubschweifs.

**Schwarzes Loch.** Eine der aufregendsten Vorhersagen der Einsteinschen Relativitätstheorie bezüglich eines Objekts mit einer Masse von größer 3,2 Sonnenmassen. In dem Raumgebiet dieser Objekte soll die Gravitation so groß werden, daß selbst Teilchen, die sich innerhalb eines gewissen Radius (Ereignishorizont) mit Lichtgeschwindigkeit bewegen, nicht mehr entweichen können.

**Solargenerator.** Strukturen, die stromerzeugende Solarzellen tragen. Diese verwandeln Licht in elektrischen Strom. Ihre Funktion ist seit langem bekannt und wird z.B. bei Belichtungsmessern von Fotoapparaten eingesetzt. Bei Weltraumanwendungen kommt es darauf an, Zellen möglichst leicht und mit hohem Wirkungsgrad zu entwickeln. Letzteres geschieht durch Schichtung mehrerer dünner Zellen, die so einen größeren Spektralbereich des Lichtes in Strom umwandeln können oder durch sogenannte Lichtkonzentratoren.

**Stern.** Dies ist die Bezeichnung für alle punktförmigen Lichtquellen am Himmel. Ausgenommen sind die Planeten, die im Gegensatz zu Sternen nicht selbst leuchten, sondern nur das Sonnenlicht reflektieren.

**Sternschnuppe.** s. Meteorite

**Stonehenge.** Ort bei Salisbury in England. In der späten Jungsteinzeit wurde dort eine Kultstätte mit astronomischem Bezug errichtet. Bis heute gut erhalten ist ein äußerer Ring aus 30 durch Decksteine verbundenen, vier Meter hohen Steinpfeiler. Inmitten dieses Kreises befinden sich in Hufeisenanordnung fünf riesige torartige Strukturen. Die Anlage setzt astronomisches Wissen voraus; ihre Bestimmung scheinen Sonnen- und Mondbeobachtungen gewesen zu sein.

**Sublimation.** Damit wird der direkte Übergang fester Körper in den gasförmigen Aggregatzustand bezeichnet. Die Sublimationswärme ist die Wärmemenge, die einem Körper zur Sublimation zugeführt werden muß.

**Teilchendichten.** Anzahl von Teilchen – Atome oder Moleküle – in einer Volumeneinheit.

**Titius und Bode.** Beseelt von der Harmonie und mathematischen Exaktheit der Bahnelemente im Weltraum, stellten beide Herren eine mathematische Reihe auf, die für sämtliche Planeten die richtigen Abstände von der Sonne beschreibt. Sie machten damit eine Vorhersage für einen Planeten, der zwischen Mars und Jupiter liegen sollte, dort wo heute der Asteroidengürtel ist.

**Torusförmiger Partikelschlauch.** Schlauchartig ausgeprägter Raum als Aufenthaltsort für Staubteilchen, die Vulkane auf dem Jupitermond Io freisetzen. Die vom Sonnenlicht ionisierten Staubteilchen werden vom Magnetfeld des Jupiter mitgerissen, was zur Ausbildung des Staubrings führt.

**Treibhaus-Atmosphäre.** Sie entsteht dann, wenn die Atmosphäre derart gestaltet ist, daß sie die von der Sonne eingebrachte Strahlung am Wiederaustritt hindert und so Strahlung akkumuliert. Kohlendioxid und Methan sind Gase, die zur Erwärmung beitragen.

**Urknall.** Die populärste mehrerer Theorien über die Entstehung des Weltalls, die darauf basiert, daß das Weltall vor einer bestimmten Zeit aus einem punktförmigen Zustand extremer Dichte (Singularität) heraus explodierte und anschließend expandierte.

**Ursuppenexperimente.** Eine Uratmosphäre bzw. ein Urozean hat man in weiten Teilen von Biologie-Büchern als den Ort der Entstehung erster organischer Moleküle angesehen. A. E. Wilder-Smith hat sich diesem Thema ausführlich in "Die Naturwissenschaften kennen keine Evolution", Schwabe-Verlag 1978, gewidmet.

**Wechselwirkungsquerschnitt.** Ist eine gedachte Wirkfläche um Teilchen atomarer Größe. Bei der Begegnung von zum Beispiel Kernteilchen wichtig, um deren Wirkungen aufeinander abzuschätzen.

# Quellen


(1) R. Burnham: Something from Nothing. Astronomy, Dec. 1994
(2) "Der Sternentstehung auf der Spur", R. Mauersberger, Sterne und Weltraum, Nov. 1992
(3) NASA-Presse-Notiz zum Sonnensüdpolüberflug von Ulysses, Nov. 1994
(4) "Naturwissenschaft, Weltbild, Glaube", H. Rohrbach, Brockhaus Verlag, 1974
(5) "Galaxien", Timothy Ferris, Birkhäuser Verlag, 1981
(6) "Die Sonne und die magnetischen Eigenschaften der Neutrinos", R. Plaga, Sterne und Weltraum 1/1992
(7) "Gallex mißt Sonnenneutrinos", T. Kirsten, Sterne und Weltraum, Jan. 1993
(8) "Künstliche Sonne bestätigt Gallex", Brennpunkt in Sterne und Weltraum, 2/1995
(9) "Geheimnisvolles Weltall - Hypothesen und Fakten zur Urknalltheorie", N. Pailer, Hänssler-Verlag, 1996, 2. Aufl.
(10) "Wassereis auf Merkur", Rüdiger Vaas, Spektrum der Wissenschaft, Aug.1994
(11) "Unheimliche Welten – Planeten, Monde und Kometen", R. Kippenhahn, Deutsche Verlagsanstalt, 1987
(12) "Chaos im Planetensystem", Th. Bührke, Bild der Wissenschaft, 7/1993
(13) "Way of the worlds", H.G. Wells, 1898
(14) "Here's Looking at Ida", Robert Burnham, Astronomy, Apr. 1994
(15) "Nasa's neverending Mission", J. Williams, Astronomy, Febr. 1992
(16) "Oxygen Atmosphere detected on Europa", Luna and Planetary, Information Bulletin, No. 75, Spring 1995
(17) "By Jove!", John Horgan, Scientific American, Oct. 1994
(18) "30 000 große Asteroiden hinter Neptun", Brennpunkte in Sterne und Weltraum, 4/1995
(19) "The Dust that lights up the Zodiac", D. Dixon et al., New Scientist, Jan. 1995
(20) "Signale aus dem All", W. Gitt, CLV Verlag, 1993
(21) "Das Nördlinger Ries: Spur einer kosmischen Katastrophe", K. Lemcke, Spektrum der Wissenschaft, 1/1981
(22) "Stony Asteroid Devastaded Siberia", J. Hecht, New Scientist, Jan. 16. 1993
(23) "1000-Tonnen-Meteorit über Pazifik verglüht", H. Haack, Sterne und Weltraum, Okt. 1994
(24) "Silikate in der Scheibe von β-Pictoris", U. Klaas, Sterne und Weltraum, Okt. 1991
(25) "Neues aus der Planetenforschung – Unerwartete Ergebnisse durch Raumsonden", N. Pailer, Hänssler-Verlag 1994, 2. Aufl.
(26) "Pulsar PSR1257+12: Er hat wirklich Planeten", U. Bastian, Sterne und Weltraum, Nov. 1994
(27) "Die Physik der Unsterblichkeit", F.J. Tipler, Piper-Verlag, München, 1994
(28) "A new map of the universe", Alan Dyer, Astronomy, April 1993
(29) "Der Streit um das Alter der Welt", W. Knapp, Bild der Wissenschaft 4/95


# Bildnachweis

©Arecibo Observatory, Puerto Rico: 24/25
©Academie des sciences de Russie, Moscou: 26/27
©BBC Books: 80
©Brookhaven National Laboratory, New York, USA: 19
©DASA-Dornier Satellitensysteme: 13, 14, 15, 72/73, 76/77, 87
©Don Brownlee, University of Washington, Seattle: 69
©Ely Kish, Canadian Museum of Nature, Ottawa, Kanada: 81
©English Heritage Photo Library: 10
©Focus: 78/79
©Gerald Rhemann und Franz Kersche: 68
©Harvard College Observatory: 103
©IFA-Bilderteam-Krämer: 8/9
©Mauritius, Photri: 95
©M. & H. Jacoby, Berlin: 12
© Max-Planck-Institut für Aeronomie, Lindau/Harz, FRG.
Aufgenommen mit der Halley Multi-Colour-Camera der Giottosonde von ESA: 69
© Max-Planck-Institut für Extraterrestrische Physik: 87
©NASA: Titelfotos, 5, 8, 11, 13, 16/17, 24 - 61, 63 - 65, 67, 69, 78/79, 89/90, 94;
© Jet Propulsion Laboratory, Pasadena, California: 41 - 45, 52/53, 60 - 63, 68
©Space Telescope Science Institute. Support for the STScI's products and technologies was provided by NASA to the Space Telescope Science Institute, which is operated by the Association of Universities for Research and Astronomy, Inc., under NASA contract NAS5-26555: 55, 66/67, 90 - 93, 96, 98, 100/101, 104/105
©Stanek, Planetenlexikon: 10
©Superbild, Grünwald/München: 16/17
©agence T.A.S.S.: 81
©US Naval Observatory: 66
©Werner H. Müller, Stuttgart: 83
©Yerkes Observatory Photograph: 80
©MPE Garching: 72
©Ludolf Schultz: 38
©NASA JPC: 39
© DLR: Flat-field Camera, Vrh. Observ. Slovenia, B. Kambic: 74
©NRL, Scott Paswaters, Solar Physics Branch: 70
©Chuck Vaughn, CA, 1996: 71

# Dank

Durch meine Referententätigkeit hatte ich das Vergnügen, gelegentlich den Verleger Herrn Friedrich Hänssler unter meinen Zuhörern zu haben. Begeistert von der Faszination des Themas und der Schönheit der Bilder bot er mir das Vorhaben eines ansprechenden Bild-/Text-Bandes an.

Eine große Ermutigung für mich war, daß Herr Johannes Weiss sich bereit erklärt hat, mich mit seiner Expertise als engagierter Grafiker zu unterstützen. Er war mir schon bei vorlaufenden Projekten eine große Hilfe. So hat er auch in dem jetzigen Werk unübersehbar seinen guten Geschmack für ausgewogene Gestaltung bewiesen.

Bei der textlichen Gestaltung war es mir wichtig, ohne Formelhuberei und Fachkauderwelsch auszukommen, ohne Exaktheit zu verlieren. Hierbei haben mich eine Reihe von Experten unterstützt, die damit auch für die Korrektheit und Qualität der Aussagen bürgen. Es ist mir ein Anliegen, mich bei den Herren Prof. W. Gitt und Prof. H. Schneider, den Herren Dr. A. Krabbe, Dr. R. Junker und Dr. Kasemann zu bedanken.

Frau U. Müller hatte als Lektorin die Verantwortung für die Durchführung des Projektes. Ich bedanke mich für alle Unterstützung von seiten des Verlages.

Ohne die Rücksichtnahme meiner lieben Frau wäre das Buch nicht zustande gekommen. Ihr Verständnis und ihre Tatkraft in Haus, Familie – trotz ihres Berufs – haben es mir erlaubt, neben anderen Verpflichtungen immer wieder Ruhe und Muße zum Schreiben zu finden.

**hänssler**

Bestell-Nr. 393.027
2. überarbeitete Auflage 1998
Dieses Buch ist auch in Englisch erhältlich.


Layout und Umschlaggestaltung: grafik & design, J. Weiss, CH-Stäfa
Lektorat: Uta Müller

Printed in Italy

ISBN: 3-7751-3027-6

Der bekannte deutsche Astronom, Johannes Kepler,
bringt am Ende seines Werkes "Harmonices Mundis",
in dem er das dritte nach ihm benannte Gesetz
der Planetenbewegung 1619 veröffentlichte,
die Verknüpfung seiner wissenschaftlichen Arbeit
und seinem persönlichen Glauben an den
Schöpfer zum Ausdruck:

*"Das ist es also, was ich über das Werk*
*des göttlichen Schöpfers vorbringen wollte.*
*Es ist jetzt Zeit, daß ich endlich Augen und Hände*
*von den Blättern voller Sätze und Beweise*
*weg zum Himmel erhebe und zum Vater des Lichts*
*in Andacht und Demut bete:*

*O Du, der Du durch das Licht der Natur*
*das Verlangen in uns mehrest*
*nach dem Licht Deiner Gnade,*
*um uns durch dieses Licht zu Deiner Herrlichkeit zu leiten,*
*ich sage Dir Dank, Schöpfer, Gott,*
*weil Du mir Freude gegeben hast an dem, was Du gemacht hast,*
*und ich frohlocke über die Werke Deiner Hände.*

*Siehe, ich habe jetzt das Werk vollendet,*
*zu dem ich berufen ward.*
*Ich habe dabei alle die Kräfte meines Geistes genutzt,*
*die Du mir verliehen hast.*
*Ich habe die Herrlichkeit Deiner Werke den Menschen,*
*die meine Ausführungen lesen werden, geoffenbart,*
*soviel von ihrem unendlichen Reichtum*
*mein enger Verstand hat fassen können."*

Johannes Kepler
Astronom

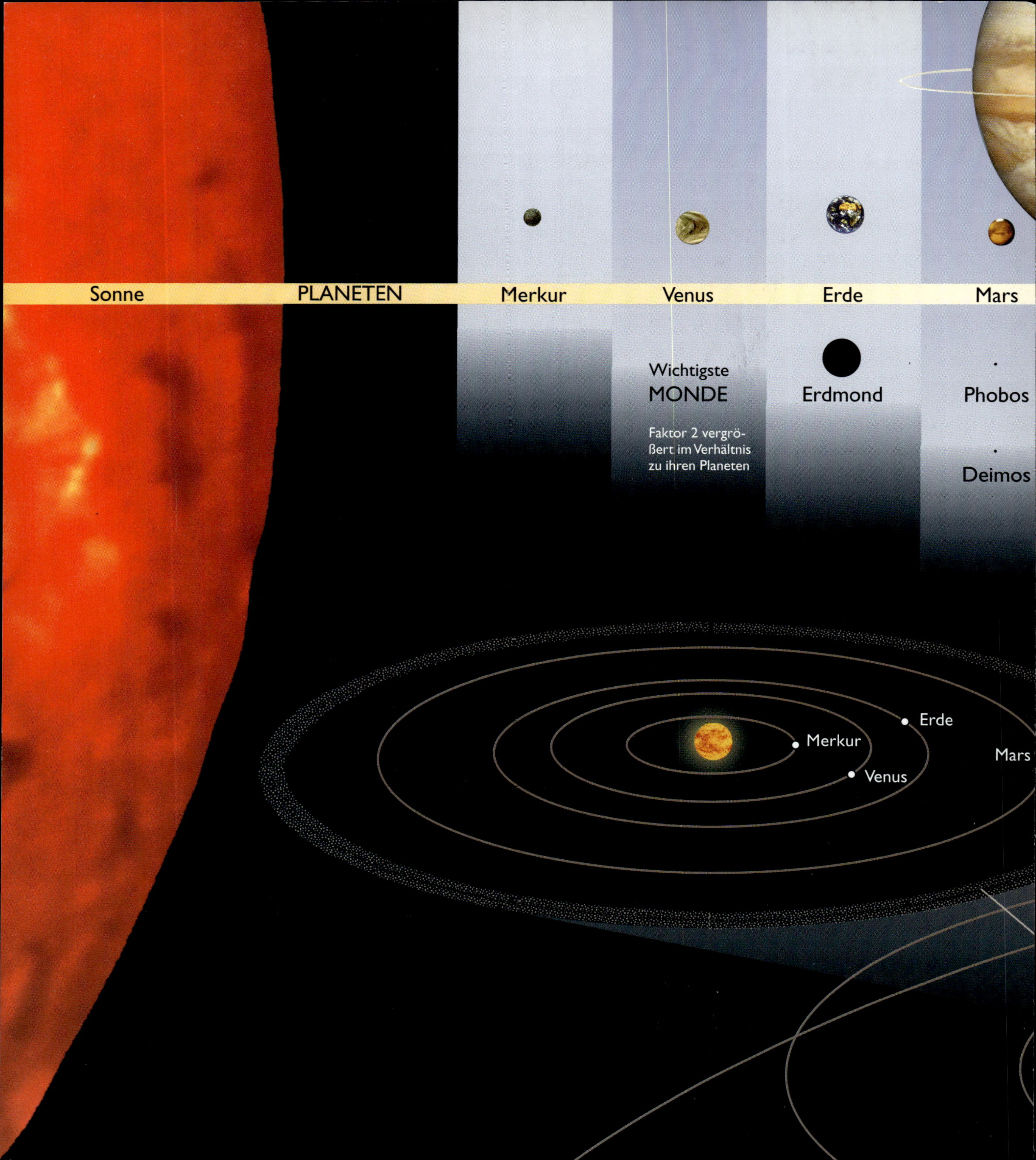
Sonne
PLANETEN
Merkur
Venus
Erde
Mars
Wichtigste
MONDE
Faktor 2 vergrö-
ßert im Verhältnis
zu ihren Planeten
Erdmond
Phobos
Deimos
Erde
Merkur
Mars
Venus